动物知道人性的答案

赵序茅◎著

重庆大学出版社

图书在版编目（CIP）数据

动物知道人性的答案/赵序茅 著. —重庆：重庆大学出版社，2017.11

ISBN 978-7-5689-0571-8

I. ①动… II.①赵… III.①动物–普及读物 IV.①Q95-49

中国版本图书馆CIP数据核字（2017）第131174号

动物知道人性的答案

DONGWU ZHIDAO RENXING DE DA'AN

赵序茅 著

策　划　重庆日报报业集团图书出版有限责任公司
责任编辑　汪　鑫
责任校对　张红梅
装帧设计　媛　子
责任印制　邱　瑶

重庆大学出版社出版发行
出版人　易树平
社址　（401331）重庆市沙坪坝区大学城西路21号
电话　（023）88617190 88617185（中小学）
传真　（023）88617186 88617166
网址　http://www.cqup.com.cn
邮箱　fxk@cqup.com.cn（营销中心）
全国新华书店经销
印刷　重庆共创印务有限公司

开本:787mm×1092mm　1/16　印张：12.75　字数：142千
2017年11月第1版　2017年11月第1次印刷
ISBN 978-7-5689-0571-8　定价：49.80元

前言

新疆木垒荒漠草原上，一团白色的飞羽时隐时现，这是雄性波斑鸨在炫耀婚羽，追求配偶。可是，当它尽情展示吸引异性的同时，也会将自己暴露给天敌。这是生存与繁衍的抉择。

滇西北的原始森林里栖息着滇金丝猴，它们是一夫多妻制。主雄猴守候着配偶和孩子，外面的光棍群（全雄单元）虎视眈眈，时刻想着取而代之。这是权力与性的竞争。

乌鲁木齐石人沟里，一窝幼隼嗷嗷待哺，可它们偏偏遇上食物短缺的季节。此时，红隼亲鸟并不是雨露均沾，而是将食物递给在洞口最前面、叫得最响亮、同时也是最强壮的那一只，全然不顾其他弱小的雏鸟。这是亲本投资的策略。

花丛中，蜜蜂采集花粉，其中最辛苦的莫过于工蜂，它们承担营建巢穴、保卫家园、喂养幼蜂的重担，可是却没有生育的机会。这是动物界的利它行为。

看到这里，我们会不会有一种似曾相识的感觉？因为，这些现象我们人类社会也曾经发生过，或者正在发生着。

这些行为的背后究竟隐藏着什么秘密，是什么因素在驱动着它们？有人喜欢用人类的视角解读动物的世界，于是便将人世间的爱恨情仇，移植到动物的身上。不可否认，人类具有生物属性，很多行为与动物相通，如雄性的多情、雌性的慎重。可是文化的驯化，让人类进化的旅途，有了剪不断、理还乱的羁绊。动物的世界没有文化的沉淀，因此也没有那么复杂的虚伪。

如果回归到生命的本质，从生命的进化史上看，人和动物是殊途同归。

生存和繁衍，是生命永恒的主题，而驱动它前进的是一双无形的大手——进化。由于地球环境的变迁，进化之路注定不会一帆风顺。地球上每一次沧海桑田，冰期与间冰期，一次次生物大灭绝，都是生命不能承受之重。可它们又是那么顽强，劫后余生，进化之路依旧进行——它们总能找到破解之道。性的产生，造就了雌雄的差异，相比无性繁殖，雌雄二者的分化使得遗传方式更加多样，于是基因的突变加快了步伐，它们的后代可以更好地适应环境的变迁。性的产生在动物进化史上具有划时代的意义。

两性的产生，使得求偶方式丰富多彩。雌性的青睐，是雄性进化的动力之一，雄性必须进化得足够有魅力，才能在吸引雌性的竞争中脱颖而出，从而完成生命的延续。鸟儿美丽的羽毛，猛兽威武的鬃毛，鱼儿丰富的色彩……这些都是一个个吸引异性的性状，学术上称之为“性选择”。与此同时，同性之间也存在着竞争，有时甚至达到疯狂的病

大鸨母子 许传辉 摄

抱团——在寒冷的冬天，滇金丝猴通过抱团相互取暖 朱平芬 摄

态程度。雄孔雀的尾巴越来越长，以致影响其躲避天敌。看似不可思议的抉择，究其内在的缘由，那些尾巴长的孔雀们，身体的免疫能力往往更强，其生下的后代，可以更好地适应环境，因此雌性乐意选择它们。暴露给天敌的危险，不足以抵消繁殖带来的利益，于是它们的种群得以延续。

性选择的产生与多样化的选择标准，使得进化方向不再由环境单独决定，自然选择不再是进化之路的唯一动力。雄性需要把自己的精子尽可能地传播，而雌性则需要更多的父本投入来养活自己的后代。矛盾产生了“策略”，不同物种的生活史，又把这种“策略”演绎成大千世界的千姿百态，产生了不同的婚配制度。无论是一夫一妻、一夫多妻，或者反过来一妻多夫，

交配 何既白 摄

再或者混交制，按照英国牛津大学教授理查德·道金斯(Richard Dawkins)的观点，那都是以最利于基因传递的形式进行的。哪种婚配制度适合哪种生物，都是漫长进化之路上达成的默契，否则就会被无情地淘汰。

不同的婚配制度，对应着不同的亲本投资，也就是雌雄双方对于抚养后代的投入。一夫一妻，后代的成长需要双亲的投入，才得以存活，基因才能够遗传；一夫多妻，往往是雄性占有资源，保护家庭，不需要承担养育后代的任务；一妻多夫制，或者混交制中往往产生好父亲，如黄脚三趾鹑、红颈瓣蹼鹬、彩鹬等亲本投资的背后，依旧遵循着那亘古不变的法则——更好地将种群的基因传递下去。

利它行为从表面上看似乎与上述原则格格不入，比如，大杜鹃为何让别人养育自己的孩子。广义适合度和亲缘选择可以提供一种答案，生命体并不是天生自私的，它们会为了种群的利益而采取利它行为。可是道金斯教授却始终不以为然，始终坚持自私的基因观：生命体的利它行为其实并不是为了种群的利益，而只是基因为了最大限度地保存现有利益而作出的选择，其目的仍是自私的。看似无私的行为却隐含着自私的基因。它们的付出可以让种群的基因得以延续，这样自己的基因也才得以延续。

谜团有些已经明朗，有些还在探索之中。不过有一点越发明确：进化之路上，人与动物殊途同归，动物知道人性的答案。

赵序茅

2017 年 3 月 10 日于中国科学院动物研究所

目录

contents

求偶策略

婚配制度

亲本抚育

合作利它

后记

滇金丝猴夫妇 朱平芬 摄

飞行中的大鸨 杜崇杰 摄

求偶策略

求偶，用人类的语言表述就是“找男／女朋友”，是动物“结婚生子”的前提。如果找不到“男／女朋友”，不能传宗接代，雄性／雌性的DNA就无法传递下去，因此求偶行为最重要的一点就是吸引对方。

动物和人一样，绝大多数都是“男追女”，为什么雌性很少追求雄性呢？这是因为雄性精子的数量很多、体积很小，通过多找几个“情人”，它就可以生一大帮孩子。而雌性的卵子不仅数量十分有限，排卵间隔期也长，因此付出更多。懂得这个道理，我们就不难理解，雄性的求偶竞争为什么那么激烈，而雌性在配偶选择上为什么那么挑剔了。

雌性找个“高富帅”，那可能就意味着“嫁入豪门”，从此搬入雄性质量较好的领域、拥有建筑豪华的巢穴、能够找到更多的食物，雄性也能帮助其驱逐天敌，甚至还能帮助它们减少被寄生虫感染的机会等。无疑，这些利益对雌性自身的生活质量和孩子的健康成长有着重大的意义。因此，雌性选择对象是慎之又慎，雄性为了赢得雌性的青睐必须使尽浑身解数。

雄体体形魁伟，色彩鲜艳，这便能够吸引异性。有些鸟、兽具有漂亮的羽毛、冠、角等特殊的装饰物，它们竭力炫耀这些漂亮的饰物来吸引对方。许多动物在求偶期还要精心打扮一下，如雄鸟要换上婚羽、蟹和头足类动物在求偶时会改变体色等。

视觉的吸引，不但来自于外貌，还有动作。鹛鹛的水上舞蹈可谓登峰造极，它们反复用嘴来接触身体一边的翅膀，身体直立着利用双脚上的蹼在水面上行走很长一段距离，那种场面令人兴奋和赞叹。

有视觉的吸引，也有声音的“诱惑”。动物通过声音可以获得发音者的种类、性别、婚配情况，甚至邻近存在的雄体个体数（如蛙鸣）等信息。声音还可以越过一定的屏障，在黑暗中起到作用，因此这种求偶方式常被夜行性动物和鸣禽采用。

除了视觉和听觉，动物还会用信息素来求偶，尤其是昆虫和哺乳类动物。信息素可以借助风力传播，飘到很远的地方，而且不易被天敌察觉，是一种投资少、收益大、效率高的求偶策略。比如，雌蚕蛾体内1.5毫克蚕蛾醇，可以吸引10亿个雄体，远远超过一个地区内可能存在的雄性个数。哺乳动物则用尿、粪便来标明其领域范围和性状态。许多哺乳类的雄体只要闻到雌体的尿迹，便知道它是否愿意接受交配。

还有些动物的求偶方式比较独特。生活在热带雨林中的雌安乐蜥对紫外线十分敏感，而雄安乐蜥的颈部，长有一只喉囊，能够反射紫外线。当它们求偶时，雄安乐蜥便拼命鼓起喉囊，将紫外线向四周反射出去。雌安乐蜥感受到“求偶信号”，应邀赴约。

动物的求偶策略多种多样，各不相同。求偶炫耀可以帮助雌雄性找到配偶，并孕育自己的后代。这种有性生殖的优势在于，组装新基因型的速度要快得多，且可以产生更多的遗传多样性。追求多样性是为了适应环境的变化，成功地在自然界生存下去。

波斑鸨炫耀求偶

波斑鸨 许传辉 摄

提到波斑鸨（*Chlamydotis macqueeni*），想必很少有人知道，即便是鸟类爱好者也难得一睹其芳容。这主要和它们的生活环境有关。波斑鸨主要分布在人迹罕至的荒漠地带，夏季它们在中国的新疆、内蒙古、甘肃西部一带繁殖，秋季则横跨中亚迁徙到阿拉伯湾或南亚去越冬[1]。另外，波斑鸨是中国国家一级重点保护动物、世界性珍禽，数量十分稀少，更增加了与其见面的难度。再者波斑鸨身上有极强的保护色，生性机警，听觉、视觉俱佳，善于奔跑，能在数百米外发现天敌，故难于被人发现。

新疆的木垒是一片人迹罕至的荒漠，其中几处低矮的草，显示这是荒漠草原。这里便是波斑鸨在中国的主要繁殖地。此鸟，头、颈披黑白两色长羽，尾羽呈沙棕色，尾、背具黑色横斑，形似波纹，这也是波斑鸨名字的由来。波斑鸨是大型陆栖鸟类，体重 1 ~ 2.5 千克，体长 55 ~ 65 厘米，远远望去，如同一只小型鸵鸟在荒漠中奔驰。

每年三四月份，雄性波斑鸨会成群结队地来到新疆的荒漠草原上，在视野开阔、地势平坦的小半灌木中选择、抢占最适合自己的领地[2]。雄鸟对领地的选择极为讲究，必须满足两个要求：一方面可以及时发现和躲避天敌——沙狐；另一方面可以更好地让雌鸟发现自己。雄鸟选好自己的领地之后，就开始求爱之旅了。雄鸟求爱的主要方式是炫耀其华丽的婚羽，以此来吸引雌鸟的注意。

但是问题来了，为了适应环境，波斑鸨羽毛的颜色与周围环境极为相似，这同时给同类之间的识别带来了困难。因此，雄性波斑鸨在求偶炫耀时总是充分利用其胸前白色的羽毛。当雄鸟展开胸前羽毛并开始小跑时，雌鸟可以在很远的地方发现它。雄性波斑鸨炫耀时，首先竖起头顶及颈部的羽毛，接着倒翻起胸部的羽毛，向后弯曲颈部使头部向后贴垂到背部，而后开始作“之”字形、环形、曲线或直线快步小跑。快跑持续 1 ~ 2 分钟后，突然停止，抬起头来小心观察周围环境片刻，再接着重复炫耀。

雄鸟炫耀行为的好坏是能否博得雌鸟青睐的关键，因为雌鸟会选择那些婚羽漂亮、身体健壮的雄鸟。这是性选择的压力使然。雌性需要和更优秀的雄性交配，这样产生的后代才能更好地生存。

波斑鸨 许传辉 摄

此阶段，雄波斑鸨的炫耀也给观察者带来了便利。在追踪波斑鸨的过程中，只要看镜头中晃动的白点就很容易捕捉到目标。与此同时，也带来隐患，炫耀中的雄鸟，容易被人类发现，那些空中的鹰、隼以及地面的沙狐更不在话下。雄鸟炫耀的同时，极易把自己暴露给天敌。没办法，这就是雄鸟的宿命，在“爱情”与“生命”之间，需要进行一番权衡。当然，很多时候它们是幸运的，可以成功吸引雌鸟交配，并躲过天敌的追踪。

到了 4 月中旬，雌性波斑鸨一般都可以找到自己的配偶，然后开始产卵繁殖。波斑鸨的巢大多建在地面上，呈浅盘状，里面偶尔可见一些细沙和几根羽毛。它们的巢极简单，就是在地面刨出的一个浅坑。孵卵的雌鸟须承受夏日正午的烈日照射，以避免阳光直射

波斑鸨 许传辉 摄

卵巢导致温度过高和水分丧失而出现死胚。

波斑鸨的窝卵数为 2 ~ 6 枚，3 ~ 4 枚居多，卵呈青灰色，散布褐斑，与周围杂草的颜色相似。再加上巢很浅，因此即使天敌在眼前，也很难发现它们。雌鸟产完最后一枚卵后就开始伏窝孵化。在此期间，它总是左顾右盼，以防止天敌和人畜的侵害。到了孵化后期，雌鸟对巢的保护意识更强，一般情况下都不离巢。在孵化后期， 雌鸟除了取食和排泄外，几乎整天都伏在巢上。雏鸟破壳前一天，雌鸟似乎知道要破壳，便具有更强的护巢习性。当人靠近巢时，雌鸟会本能地离开，但绝不走远。它在一旁拉开翅膀，展开尾羽，企图把人吓跑。约过 23 天，雏鸟破壳而出，为早成鸟，35 日龄雏鸟即可短距离飞行。

波斑鸨 许传辉 摄

为在新疆荒漠草原中生存，波斑鸨有一系列适应干旱环境的技能。波斑鸨是典型的杂食性鸟类，以植物、节肢动物以及小型脊椎动物为食。炎炎夏日下，波斑鸨多在晨昏活动，喜欢在猪毛菜灌丛下乘凉，这是对干旱炎热生存环境的适应。猪毛菜是一种短命植物，也是波斑鸨重要的食物。在干旱荒漠地区，猪毛菜的叶中含有丰富的水分，是维持波斑鸨新陈代谢的必要物质。荒漠昆虫是波斑鸨的另一类食物，昆虫体内含水量维持在 50% 左右，为波斑鸨提供了至关重要的代谢水[3]。

波斑鸨是大自然赐给荒漠的珍奇动物，可是目前由于人为的过度干扰，它们的生存压力与日俱增，种群不断减少。

红脚鹬以舞示爱

“关关雎鸠，在河之洲。窈窕淑女，君子好逑。”古人通过描写鸟类示爱的美姿，来表现人类对爱情的向往。自然中鸟类求爱的方式有很多种：有的靠美貌取胜，有的凭歌喉迷人，有的靠建造婚房迎娶……不过，最能让人享受视觉盛宴的，还是那些靠舞蹈求爱的鸟儿。

作为把低调当成美德的鹬类家族，红脚鹬（*Tringa totanus*）真的不起眼，它们没有绚丽的羽毛，没有美妙的歌喉，就连那一双红红的脚，在鸟类中也是普通得不能再普通了。它们十分低调，甚至连像黑腹滨鹬（*Calidris alpina*）、红颈滨鹬（*Calidris ruficollis*）那样用密集队形吸引异性注意的行为都没有。它们只是一两只或三五只出现在一些不起眼的角落。

可是当繁殖期到来的时候，低调的它们又会如何呢？

平日里红脚鹬总是低调地在河、湖的浅水域或岸边，寻找一些甲壳类、软体动物、昆虫等。可是求偶的时候，它们就不同寻常了。红脚鹬雄鸟一改往日的作风，变得十分焦躁，一会儿上蹿下跳，一会儿飞来飞去，显得无比兴奋。

原来女主角出场了，一位美丽的红脚鹬雌鸟，正在岸边低头觅食。这位红脚鹬雄鸟立即飞到人家的身边，有节奏地支配长长的红腿，时不时张开自己并不美丽的翅膀。

红脚鹬雌鸟显然被这突如其来的阵势吓到了，立即停止觅食，开始打量眼前这位雄鸟。红脚鹬雄鸟更加卖力了，它把脖颈努力向前伸长，张开嘴巴，用并不悦耳的嗓音鸣唱。即便如此，红脚鹬雌鸟并不为之所动。

仔细想想，我们也要理解红脚鹬雌鸟的“矜持”。在鸟类择偶过程中，雌鸟由于初期投资巨大，要为后代付出一个硕大而富含营养的卵。因此，它们总是矜持而高傲的。雄鸟是否具有较强的生存能力，是否能够为雌鸟和后代带来实实在在的好处，是雌鸟择偶的重要标准[4]。

红脚鹬雄鸟依旧没有放弃，在岸边急躁地跺着脚，用有点沙哑的声音不停地唱着歌。按照红脚鹬家族的婚姻法则，求偶期间，红脚鹬雄鸟会在红脚鹬雌鸟面前尽情地舞蹈。如果红脚鹬雌鸟对它有意的话，会跟着一块儿跳；如果没有好感，则会置之不理。我们期待的场景没有出现，红脚鹬雌鸟没有跟着红脚鹬雄鸟一块儿舞蹈，反而飞到了别处。很明显，那是拒绝。后来，这位红脚鹬雌鸟和另一只雄鸟好上了，它们在不远处的岸边，成双成对，一起翩翩起舞。

红脚鹬 王尧天 摄

没有办法，这就是大自然的生存法则。只有具备良好的遗传基因、体格健壮的红脚鹬个体才会跳出高质量的舞蹈；体质差的雄鸟常因其舞蹈质量不高，得不到雌鸟的青睐，没有配偶而不能参与繁殖。因此舞蹈成为红脚鹬雌鸟选择配偶的标准，舞蹈跳得好的雄性，意味着更加健康，更加强壮，和它一起孕育的后代才更有竞争力[5]。

从行为生态学的角度看，红脚鹬的求偶活动还可以作为动物互相识别的一种信号。繁殖是动物求偶炫耀的最终目的，雌雄个体的性腺发育、生殖细胞的成熟以及激素的分泌，必须处于同等的发育阶段，它们才可以进行交配。对于温带鸟类来说，在光周期的作用下，雌、雄鸟进入繁殖状态基本上可以达到同步。但是同种的不同个体之间的繁殖状态还存在着一些细微的差别。雄鸟的求偶炫耀对这种差别起到了校准的作用，它使雌雄双方的性器官活动完全达到同步[5]。

在繁殖季节，红脚鹬雄鸟会因为见到雌鸟而导致体内性激素增加，而血液中雄性激素水平的增加又会加强雄鸟的求偶炫耀行为。同时，雄鸟的求偶炫耀行为也刺激着雌鸟，同样可以促进其体内雌性激素的分泌、加快卵巢的发育和卵的生成，从而使雌雄双方在生殖上达到和谐默契。

萤火虫致命诱惑

萤火虫

萤火虫（Lampyridae）属于鞘翅目萤科昆虫，全世界记录在册的共有 2 000 多种，大多分布在热带和亚热带地区。中国究竟有多少种萤火虫，至今还没有确切的数据，保守估计有 200 种左右。大多数萤火虫是夜行性的，白天它们躲在草丛中或树叶背后休息。也有一些萤火虫是日行性的，如窗萤及锯角萤等，它们白天求偶，不过不发光，很难被发现。

所有萤火虫的幼虫都会发光，但是小部分种类的萤火虫成虫就不发光了。萤火虫幼虫发出的光是一种警戒天敌的信号，而成虫的发光则是一种两性交流的信号，也就是求爱的语言。萤火虫的成年期非常短暂，必须抓紧时间，利用每一个夜晚去寻找自己的“意中人”。它们用闪光信号将自己的寻偶意图广而告之，然后通过雌性萤火虫发回的应答信号寻找配偶。

萤火虫利用腹部特有的发光器内的荧光素、萤光素酶、氧及 ATP（三磷酸腺苷）进行生化反应而发光。荧光素是光的来源，萤光素酶起触发器及催化剂的作用，氧是氧化剂。ATP、荧光素及荧光素酶三者结合成为一个复合体，经氧化作用发光。萤火虫发的是一种冷光，整个发光过程是生物能 ATP 转化成光能的过程，不但不会灼热烧伤自己，而且高效、灵敏[6]。

华中农业大学植物科技学院付新华博士是中国第一位从事萤火

虫研究的博士，他发现了萤火虫求偶的秘密。胸窗萤（Pyrocoelia pectoralis）是低海拔山区常见的萤火虫，除了利用萤光，它们还用一种更加重要的方式进行求偶。

想要探究萤火虫求偶的秘密，我们不妨来看看付老师的实验[6-7]:

付老师采取标记再捕技术，将80只胸窗萤分成4组，给它们的前胸背板或者鞘翅标上不同的颜色，然后根据组别，分别放进4只盒子里。之后，把1只刚羽化出来的雌萤的发光器涂黑，放在另外一个盒子里待用。涂黑了发光器，雌萤就不能发出萤火了。

晚上，涂黑的雌萤被装在一个透明的锥形瓶中，并用薄薄的纱布盖住瓶口，防止雄萤钻入。在一块光污染较少的空地上，4组雄性萤火虫分别放在雌萤的东南西北4个方向，各距雌萤约30米。然后，用1根棉线和指南针测定风向，每隔5分钟测定1次，同时记录温度、湿度。19点左右，4个方向的萤火虫同时被释放。每隔5分钟，记录1次到达雌萤1米范围内的雄萤数量。

第一次实验并不顺利，只有2只雄萤飞近了雌萤。它们究竟是雌萤吸引而来，还是纯粹巧合？可能30米的距离太远，其他标记的萤火虫感应不到雌萤，都飞走了。

再次重复试验，付老师缩短了雌雄萤火虫的距离。连续的标记再捕实验证实，雄萤能感受到雌萤化学求偶信号的最大距离为25米。距离越近，吸引的效果越明显。雄萤通常大范围巡视一番，然后飞到雌萤的下风口，缓慢地前进。它们像青蛙跳跃一样，先飞一飞，然后降落在地上或者草尖上，再逆风飞起。虽然耗时长了些，但方向非常精准。这就是说，就算没有萤火，萤火虫也有其他求偶方式。

后来证实，雌萤可以释放一种我们人类看不见、闻不到的化学

萤火虫 姜虹 摄

物质进行求偶。这个结果估计会让很多人感到吃惊——原来萤火虫并不单单是利用发光来找对象的！雌萤释放出性信息素，而雄萤利用触角上隆起的短短的感受器，以及大型的花纹状感受区来探测这些信息素。有了触角上的装备，雄萤就能迅速而准确地找到躲藏的雌萤了！

不要以为萤火虫的求偶是一场浪漫约会，殊不知这有时也可能是一场赔上性命的灾难！北美洲有一种狡猾的雌性萤火虫——女巫萤，就会猎杀其他种类的雄性萤火虫，甜蜜情人一下子就变成了致命凶手。它的阴谋如何一步一步实现的呢？

每一个萤火虫种类都有自己的光亮，重要的是它们发光的形状、间隔不尽相同。当萤火虫的发光密码得以破译后，人们就可以轻而易举地捕捉到它们，你只需要模仿雌性的发光信号，雄性就会自动飞入你的手中。别有用心的女巫萤雌虫正是模拟出猎物萤火虫雌萤的求偶信号，吸引雄萤前来求偶并吃掉它们。

于是出现了下面的场景：女巫萤（*Photuris* spp）雌虫安静地蹲伏在某处，通过观察周围飞过的萤火虫，破解它们的发光密码，然后用同样的发光方式招来雄萤，这叫作光学拟态。它是个“多语言者”，可以模仿2～8种不同种类的萤火虫的发光方式。面对邀请，其他种类的雄萤会毫不犹豫地飞到女巫萤雌虫身旁享受美好时光，却没有想到这会变成一次可怕的死亡约会。

女巫萤雌虫为什么要残酷猎杀其他萤火虫呢？原来，萤火虫的天敌有很多种，如捕食幼虫的蚂蚁、鱼、龙虾，捕食成虫的蜘蛛、青蛙、蟾蜍、蜈蚣等。而萤火虫幼虫弱小而毫无抵抗力，只有靠从母亲体内遗传的化学物质来抵抗天敌。它们可以制造毒素，让鸟儿和其他食虫动物躲开它们。但是，在漫长的进化过程中，女巫萤雌虫失去了制造毒素的机制，所以只有通过猎杀其他种类的萤火虫来完成使命。通常，女巫萤雌虫先和自己同种的雄性交配，然后在产卵之前再猎食其他种类的萤火虫。

翠鸟献鱼是情饲

普通翠鸟 邹桂萍 摄

普通翠鸟（*Alcedo atthis*）是翠鸟属中常见的一种，不过它们一点也不普通。普通翠鸟羽毛青翠、光亮，浑圆小巧的身材像一块熠熠生辉的翡翠，令人过目难忘。头上以翠绿为底色，带着深蓝色的斑点，背部是天蓝色，翅膀和尾巴是靛蓝色，胸部和双颊是栗色，嘴和脚是红色，这些色彩让这种小鸟看上去十分艳丽。雌雄翠鸟还可以从羽色上进行区分。虽然都是一身蓝绿色有光泽的羽毛，但雄鸟羽毛偏宝石蓝色，如丝般闪亮耀眼；雌鸟羽毛偏翡翠绿，光泽不及雄鸟，却也是曼妙妩媚。

普通翠鸟美丽的羽色既不是停留在表面的彩虹色，也不是由羽毛本身的色素形成的，而是其羽毛特殊的结构散射蓝色光线的结果。普通翠鸟背上、尾巴上的羽毛在某种角度的光线照射下，会散射出翠绿色的光，就像一面三棱镜把白光分解成彩虹色。

繁殖期，雄翠鸟捕捉到鱼之后，不会立即吃掉，而是飞到雌鸟旁边。雄鸟衔鱼飞来时，雌鸟开始点头摇尾。雄鸟落在附近，用力甩动鱼，直到鱼不挣扎，才飞到雌鸟身边，然后把鱼递到雌鸟口中。之后，雄鸟头、嘴笔直朝天不动，几分钟后飞走，雌鸟则吞食了“礼物”[8]。

很多人误以为，这是雄鸟在给雌鸟献“礼”，以鱼作为礼物追求自己的“意中人”。其实不是这样的。动物界中确实存在送“礼”的行为，专业的说法叫作求偶喂食，意指在一些鸟类和昆虫中，雄性在求偶时向雌性奉献一定的食物，供雌性在交配中食用或者用来向对方表明自己未来有能力喂养后代。最典型的例子是雄盗蛛（*Pisaura mirabilis*）交配前先递给雌蛛一件用丝缠捆着的猎物作为礼品。除此之外，还有雌蝎蛉（*Hylobittacus apicalis*）通常选择能为其提供最大猎物的雄蝎蛉，雄蝎蛉所提供的猎物越大，雌蝎蛉允许其交配的时间就越长，能受精的卵数就越多。因此，求偶喂食是一种 “性交易”行为[9]。

雄翠鸟给雌鸟献鱼既不是求偶喂食，也不是所谓的“彩礼”，动物行为中“彩礼”现象也是有所特指，是指有些物种如鳞翅目、直翅目，以及一些蝴蝶如豆粉蝶、凤蝶、斑蝶和菜粉蝶的雄性，每次交配可为雌性提供大量的精液，雌虫通过消化吸收精液中的营养物质（主要是各种蛋白质），从而提高其产卵率和寿命。

普通翠鸟 邹桂萍 摄

雄鸟给雌鸟献鱼的时候，人家早已经是一对了。这是繁殖期雄鸟给雌鸟的“情饲”，即捕获食物送给雌鸟。情饲是动物行为上一个专有名称，是指繁殖期雄鸟为雌鸟提供食物。雄鸟提供情饲的地点一般在求偶地点，也是交配地点。普通翠鸟每天得吃相当于自身体重 60% 的食物才能活下来，而繁殖期的时候，消耗的能量则更大。因此，雄鸟照顾“老婆”，献上礼物就不奇怪了。

雄鸟在求偶的时候，另有套路，但不是靠送礼打动雌鸟。不像小型鸣禽，我们很少听到翠鸟的鸣叫，这是因为翠鸟在非繁殖期一般不鸣叫。在繁殖期的时候，雄鸟一改往日的“沉默”，常边飞边鸣，即便嘴里衔鱼时也能鸣叫。每年的 3 月下旬，雄鸟便开始物色“意中人”，求偶行为一般在 4 月初。求偶地点较为固定，雄鸟向雌鸟靠近而未受到反对时，它便上下伸缩头，长嘴斜向上，向上伸头时伴有鸣叫。伸缩频率约 10 次 / 分，3 ~ 4 分钟后，雌鸟如无动于衷，雄鸟便用翅膀碰击雌鸟，初时雌鸟一般给予反击并飞走，雄鸟随即追去。几天后，雌鸟不再反击，而以同样的动作回报雄鸟，此时配偶正式形成。这才是翠鸟的求偶方式。

自然界普通翠鸟雌雄过着“一夫一妻”的生活，共同抚养后代。它们的后代抚养比较困难，单靠一方很难养大。

捕鱼是普通翠鸟的拿手好戏，它既不像鱼鹰、白鹭那样只捕食水面上的鱼，又不像鸬鹚、鹈鹕等水鸟那样在水中潜泳觅食，普通翠鸟能深入水下三四十厘米的地方捕鱼，但它在水下只能待 1 秒钟左右。它捕鱼的法宝就是“眼疾嘴长翅尖”。很多时候，一道蓝色闪电一闪而过，2 秒不到它就回到了岸边的柳枝上，嘴里叼着一条小鱼。翠鸟捕鱼速度之快往往令人难以置信，在其头部潜入水中的瞬间甚至都不会在水面上产生明显的波纹。捕鱼之后，翠鸟“吃饭”很有特点，它先把鱼摔打晕，将鱼头对准自己的喉部，然后生吞活咽下肚。

捕鱼是瞬间的突击，潜伏周围观察只为那一瞬的出击。鱼儿游动产生的波纹是观察的要点。天气闷热，露出水面的鱼儿，成为重点目标。一旦锁定目标，翠鸟如同一枚子弹扎进水中。进入水中后能迅速调整因光线造成的视角反差，在水中依旧看得清楚。翠鸟因捕鱼本领特强，成功率非常高，很少失手，故有“鱼狗”之称。

如此美丽且技术高超的翠鸟，遇到贪婪的人类也难以逃脱其悲剧的命运。

翠鸟的美也给自己带来杀身之祸。古时候，翠鸟的羽毛和宝石、丝绸、香料一样值钱。翠鸟的羽毛可以用作工艺装饰品——点翠工艺，这是中国一项传统的金银首饰制作工艺，是首饰制作中的一个辅助工种，起着点缀美化金银首饰的作用。点翠是中国传统的金属工艺和羽毛工艺的结合，先用金或镏金的金属做成不同图案的底座，再把翠鸟背部亮丽的蓝色羽毛仔细镶嵌在座上，以制成各种首饰器物。点翠采用翠鸟左右翅膀上各十根羽毛（行话称“大条”）、尾部八根羽毛（行话称“尾条”），因此一只翠鸟身上一般只采用二十八根羽毛。病死的翠鸟的羽毛一般不能制作好的首饰。大量的捕猎，导致翠鸟一度濒临灭绝。如今，翠鸟已是国家保护动物，而点翠工艺也已经失传。

翠鸟的蓝色羽毛长在身上的时候，绚烂得让人窒息。可粘在首饰上时，我们看到的却不是蓝色，而是一片血红。这跟象牙、犀角一样，它本就不是生活必需品，但人类的贪婪却给动物带来了巨大的灾难。

先筑巢穴后引凤

鹪鹩 杜崇杰 摄

法国有一句谚语：“人类什么都可以仿照，鸟巢除外。”精致的鸟巢不仅是鸟儿生儿育女的场所，还是有些鸟儿求偶的“聘礼”。

一、鹪鹩

鹪鹩（*Troglodytes* spp）是雀形目、鹪鹩科、鹪鹩属的一类小型、短胖的雀类，体长 10 ～ 15 厘米，身体颜色为褐色或灰色，翅膀和尾巴有黑色条块，翅膀短而圆，尾巴短而翘。它们主要以昆虫为食，栖息于灌丛中。飞行低，仅振翅作短距离飞行，常从低枝跃向高枝，活泼、机警，见人临近就隐匿起来。《庄子 · 逍遥游》："鹪鹩巢于深林，不过一枝；偃鼠饮河，不过满腹。"用"鹪鹩"来比喻弱小者或易于自足者。

在庄子眼中鹪鹩出身低微，但现实中它们却是天才的建筑师。明代李时珍在《本草纲目》中对鹪鹩的巢有过专门的描述："取茅苇毛毳而窠，大如鸡卵，而系之以麻发，至为精密。悬于树上，或一房、二房。故曰巢林不过一枝，每食不过数粒。"

鹪鹩营巢一般在选择好巢位后 1 ～ 2 天进行，取材的地方大约在巢四周 500 米以内的区域，材料大致为苔藓、茅草、细叶、兽毛、鸟羽。苔藓、茅草、细叶织在巢的外围，而兽毛、鸟羽织在巢的内部，巢外围较粗糙，内部精细，结构紧凑，呈深碗状，巢多倾斜，巢口在侧面且很小，与鸟体本身粗细相仿。

巢建成之后，雄鹪鹩会不停地在篱笆丛中穿来飞去，短尾巴翘得高高的，好似一个褐色的羽毛球，有意思的是它邀请附近所有的雌鹪鹩来巢里参观。鹪鹩实行的是一夫多妻制，巢的主人将尽自己的最大接待能力留下数只雌鸟，然后交配产卵，每窝产卵 3 ～ 4 枚[10]。

二、织巢鸟

有一种鸟，叫群居织巢鸟（*Philetairus socius*）。雄鸟用它小巧的喙，衔来干草，一根根地织成碗状的小屋，然后静候雌鸟光临。日子一天天过去，雌鸟依然杳无音讯。于是雄鸟打翻鸟巢，寻找新草，再筑一个……如此周而复始，直到配偶出现。

织巢鸟是鸟类中的建筑大师，它们仅用干草就可以建成能够维持 100 年之久的巢，这种巢足有 1 吨多重，堪称“公寓楼”，里面能住400多只鸟。它们很早就明白了置办“房产”在求偶中的重要性，雄鸟不断地筑巢，等待雌鸟的来临，若等不到新娘，便拆了巢重新筑。

我们来看看织巢鸟筑巢的场景[11]：

繁殖期到了，一只雄织巢鸟用嘴衔着草飞回树上。它停在一根树枝分岔的地方，把衔来的植物纤维的一端紧紧地系在选好的树枝上，用嘴来回编织，穿网打结，织成实心的巢颈，并由巢颈往下织。然后，它用结实的棕树叶在树杈上打一个漂亮的丁香结，一环扣一环地编织。它的嘴和两爪相互配合，用一只爪支撑着身体，另一只爪配合嘴的工作。它用嘴把事先准备好的草从圆环中穿出，再倾斜着身体把草扯紧，织巢鸟每织一次都很吃力，毕竟这样的动作很有难度。最后密封巢顶，中间形成空心的巢室，在巢的底部织一个长长的飞行管道，末端留有开口。这样的巢顶既能防风遮雨，又能抵挡灼热的阳光，飞行管道还可以用来防御危险的树蛇。

5 天之后，雄织鸟把巢织好了，在新家的外面四处张望着，发出叽叽喳喳的叫声，并在巢上面跳来跳去，似乎在等待着什么。这时一只雌织巢鸟飞来，在巢的四周盘旋着。雄织巢鸟显得有些兴奋，开始鸣叫。雌鸟飞到巢口，把头伸了进去，看了看巢的里面。雄性织巢鸟悄悄凑在雌鸟的后面，用身子顶着它，要把它顶进巢里面。雌鸟抽出头，张开翅膀，迅疾飞走了。雄织巢鸟显然没有料到这一突如其来的变故，它只能望着飞走的雌鸟，发出几声哀鸣。

这之后，令人吃惊的一幕发生了，雄织巢鸟一点点将巢上的草丝啄掉，从巢的不同方位抽出几根草，巢一下子掉到了地上，不到十分钟，精致的鸟巢变成了一摊枯草！

原来，雌鸟只对鲜嫩翠绿的巢感兴趣，如果在巢变黄之前还没有获得异性的青睐，雄鸟就得重造一个。如此反复，直到觅得合适的伴侣。

于是雄性鸟又开始在地上重新搜集巢材。这次，它找了些更有韧性更柔软的草。经过一番努力，新巢竣工了。此刻，又飞来一只雌鸟，显然是看上了建好的新巢。它从巢口进去了。一会儿，它们一起飞了出来，去附近衔回更多的软草，把巢垫得更舒适。

从生物学上看，筑巢行为有利于促进鸟的繁殖，尤其是对于鹪鹩和织巢鸟这类依赖巢繁殖的鸟类。鸟巢和鸟类的筑巢活动，是刺激雌鸟和雄鸟性生理活动的重要因素。特别是鸟类在开始筑巢或者在自己窝内时，其视觉和触觉等器官发出信号，再通过脑的综合，能促进体内性激素加速分泌，从而使体内的卵细胞迅速成熟、排除，从而使得繁殖行为不至于中断。很多鸟儿更是认巢不认卵，它们一见到自己的巢就回去孵卵，即使把鸟巢中的卵换成玻璃球或石头子，有些鸟儿也会全然不顾地去“孵卵”。但是如果端掉它的巢，孵化行为就立即终止了。

海豚求偶献海藻

人类谈情说爱时，鲜花总是非常有用的工具，而这似乎同样适用于海豚（Delphinidae）。海豚是动物界智商最高的几种动物之一，不需要在觅食上花费太多时间。这也就意味着它们有大把的剩余时间。聪明又悠闲的海豚在求偶的时候又会玩出什么花样呢?

很早以前，人们就发现海豚经常在嘴里叼着东西游来游去，那可能是一根木棍、一块黏土，更多的时候是一团海藻。这个现象一直被认为是海豚在玩耍，没有特殊意义。但是，仔细观察海豚们的表现，人们却发现其中大有玄机。因为只有成年雄性海豚才会有这种“衔草”行为，而此时它周围往往有一只雌海豚正在活动。这表明，雄海豚可能正试图表明满腔爱意或求云雨之欢。

为了进一步了解“献草”是否让雌海豚产生“化学反应”，科学家对一个大族群中的雄海豚和小海豚进行了基因比对。“亲子鉴定”的结果证实，懂得用“花花草草”赢得雌海豚关注的雄海豚比那帮“不解风情”的家伙有更多子女。在此之前，人们只知道人类和黑猩猩会使用工具来示爱。

海豚 朱平芬 摄

求爱的雄性海豚会花费数小时寻找最长的海草作为礼物送给心仪的对象。在送出礼物之前，满腔热血的海豚会利用海草展示自己的英勇——利用鳍、尾巴和鼻子抖动它。如果雌性喜欢这一礼物，它将接受海草，并把它像围巾一样披在身上。

随后海豚恋人便开始拥抱，用自己的鳍互相抚摸，并环绕彼此旋转。尽管这浪漫的爱抚会持续一个小时，但性爱本身并不需要太长时间，大约为 3 秒。雌性海豚并非专一的生物，在交配季节它们可能一天会被不同的年轻雄性海豚引诱好几次。性交对于它们像握手一样简单，完事后大家各奔东西[12]。

尽管有求偶时期的各种缠绵与浪漫，但雄性和雌性海豚一生大多时候是分开的，它们各自生活在由 30 个左右的个体组成的单性别群体里。在这些群体里，大多数海豚都有一个最好的朋友，它们一生都待在一起。雌性海豚的好朋友在它生孩子时会充当助产师的角色。彼此还会充当对方后代的保姆，帮助抚养婴儿。

年轻的雄性也有一生的好友，它们会一起找乐子，在危险时互相保护。

于是海豚形成了群居性的联盟，其复杂与狡猾的程度超过了除人类以外的任何哺乳动物。

这种复杂联盟的目的不完全是嬉戏性的。雄海豚会勾结同党从竞争者手中偷走有生育能力的雌海豚。它们成功地诱拐雌海豚以后，会继续保持这个组织严密的小组，并进行一系列的技艺表演，既壮观又令人恐惧，以确保雌海豚安心留下。

为了抵抗雄海豚的侵犯，雌海豚也组成了同样复杂的联盟，这些姐妹们有时候会追捕偷走了自己朋友的雄海豚。综合起来看，这种不固定的、权宜的群居联合或反联合，可能就是驱动海豚智力进化的动力。“交情”要从小培养。雄性海豚早在青年时期就与另外一只或两只海豚形成了牢不可破的联盟。它们一连几年坚持在一起，也许是终生在一起，游动、捕食和玩耍都在一起；它们总是同步露出肚腹并在水面游动，以此炫耀其牢固的友谊。

豆娘交配争地盘

豆娘 赵序茅 摄

“小荷才露尖尖角，早有蜻蜓立上头。”这一脍炙人口的诗句道出了蜻蜓奇妙的习性，它的生命中离不开水。水生植物环绕的静水处正是蜻蜓活跃的场所。蜻蜓水边嬉戏，飞临水面轻轻一点，而又飞起，动作轻盈连贯，浩瀚的中国文化中竟然找不到更适合的辞藻来形容这种情景，于是就有了一个成语“蜻蜓点水”。

蜻蜓被称为“会飞的宝石”。中国至今已记录到650余种蜻蜓目昆虫，分为3个亚目——差翅亚目（狭义上的蜻蜓）、束翅亚目和间翅亚目。差翅亚目常见类群有大蜓、蜓、春蜓、伪蜻和蜻，通常把这类称蜻蜓，它们的成虫体形一般较为粗壮，两复眼相接或分离，其间距小于单个复眼直径，翅基部较宽且后翅宽于前翅，停息时翅膀水平展开，有的种类会稍向下收拢。稚虫呈筒状或扁平，腹内具有直肠鳃[13]。

蜻蜓兼有水、陆生活史，成虫营陆生生活，对出生的水环境有很强的依赖性，并且对水体沿岸的环境状况异常敏感，通常它们终生不离开其生活的环境。

束翅亚目通常被称为螅，俗称豆娘。常见的类群有色螅、隼螅、溪螅、螅、扇螅及丝螅。它们的体形一般较纤细而轻盈，复眼分离，其间距大于单个复眼直径。翅基部较窄呈柄状，略似船桨。前后翅形状相似，停落时翅膀一般合起立于背上方。但部分类群将翅膀半展开。稚虫呈细棍棒状，腹末端有扇状的 3 片尾鳃。

4 月下旬，正是草盛木茂的时节，各种生物逐渐进入活动高峰期。对于雄豆娘而言，占据一处好地盘是能否找到老婆的关键。那怎样的地方才算是好地盘？当然取决于雌豆娘。雌豆娘要寻找最适合孩子成长的环境，会与它看中的地盘的主人交尾，然后在其地盘里产卵。因此所有的雄豆娘羽化之后，无不拼尽全力去抢占一块好地盘。

一只雌豆娘缓缓飞临，在小水潭上缓慢兜圈飞着，在巡视这只雄豆娘的地盘适不适合产卵。雌豆娘仅仅飞了二三十米，另一只雄豆娘迎面飞近，雌豆娘略微闪身，也放慢了速度。雄豆娘一面绕飞，一面试着想从后方飞近。雌豆娘突然加速往上游飞去，雄豆娘也全力追去。旁边突然窜出另一只雄豆娘。两只雄豆娘的空战开打了。赶走敌人后，它又火速赶回来。那只雌豆娘还在小水潭上缓慢地兜圈飞着，好像是看上了这个理想的环境。雄豆娘自后上方飞近雌豆

豆娘交配 李元胜 摄

娘，当它就要飞越时，尾巴由下方向前弯伸，并准确地勾住雌豆娘的后脑勺。但是雌豆娘前方是叶缘，它没有立足之处。于是它在空中原地振翅了一会儿，突然奋力挥翅，把雌豆娘拉至空中。雌豆娘也振翅配合以减轻雄豆娘的负担。雄豆娘以优异的飞行技巧，在空中勾住飞行中的雌豆娘，它们在空中勾合，让彼此成一条直线。交尾的时间大约两分钟。然后，雌豆娘飞向溪里。此时雄豆娘也飞靠过来，绕着老婆飞，一方面捍卫地盘，一方面不让其他雄豆娘趁机交尾[14]。

雌豆娘会在雄豆娘地盘的溪水中找一处可以立足的地方停下，然后把尾巴弯入水里，开始把卵产在水草上。几分钟后，雌豆娘产卵结束，立刻飞起并朝着上游头也不回地飞走了。

雌豆娘产卵后，并没有结束自己的爱情之旅，它再次起飞，巡视周围好的水域。几分钟后，雌豆娘又看上一块风水宝地，它在上空不停地盘旋，表示对这个地方非常满意。守候在此的另一只雄豆娘已经迫不及待了。二者连体成了一条直线，在空中完成交尾。

我们对于豆娘的行为有些费解。交配行为的首要功能是向雌性传送精子。对于雄性，多一次交配或多一个配偶等于多一次做父亲的机会，因此多次交配能提高它的生殖成功率。而对于雌性，精子并不是稀缺资源，是产卵能力限制着它的生殖成功率。在理论上，一个生殖季节内，一次或几次交配就足够使雌性所有卵子受精，使其生殖成功率达到最大化，更多的交配不仅不能带给雌性更多的收益，反而会使其付出更高的交配代价，如时间的损失、能量的消耗、被捕食的危险、感染性病或寄生虫的风险、身体受伤的危险等。

但是雌豆娘为何在短时间内多处交配，反其道而行之呢？

雌豆娘之所以会在短时间内和不同的雄豆娘交配，这是它们的一个繁殖策略。大多数物种的雄性在交配中虽有大量的精子射出，但仅小部分留在雌性生殖道内，其余的或溢出，或被雌性消化，或被破坏。此外，雌豆娘在一次交配中，体内的卵并没有完全受精，而且还保留了许多未受精的卵。这是它为了保险而设计的，也就是不把鸡蛋都放在同一个篮子里，这样才有机会配出最优秀的后代，让自己的基因得以传递下去。

墨鱼伪装骗情敌

墨鱼 刘克锦 绘

海洋里有一种头足类动物，在遇到强敌时会以“喷墨”作为逃生的手段，伺机离开。你知道这是什么动物吗？没错，这就是大名鼎鼎的墨鱼，也叫乌贼（这是我们以前对于墨鱼的认识）。不久前，澳大利亚麦考瑞大学行为生态学家发现了一种神奇的墨鱼（Sepla plangon）。

这种生活在澳大利亚东海岸的墨鱼中的雄性，可以将自己身体的两面分别变成截然不同的样子，一半表现是雌性，另一半是雄性。这种不男不女的行为不是太监吗？

实际上恰恰相反，太监是无法生育的，而这种墨鱼通过这种行为来迷惑同性、吸引异性。

在墨鱼的世界，雌雄比例严重失调，“女少男多”，意味着竞争的激烈。尤其是在繁殖季节，众多雄墨鱼都想找老婆，繁衍自己的后代。

谁能在激烈的竞争中脱颖而出呢?

为了获得异性的欢心，雄性墨鱼必须下一番功夫。墨鱼的世界以强壮为美，因此雄墨鱼在心仪的对象面前会尽可能地表现自己“充满肌肉、强健有力”的一面。可是这样一来，也有一个问题：雄墨鱼这么高调的表白，其他雄性墨鱼也会看到，这样“情敌”们就会蜂拥过来争夺这位“窈窕淑女”。这时，为了争抢情人众多光棍们必有一番争斗，甚至会“打”得头破血流[15]。

因此，首先找到心仪对象，想要表白的雄墨鱼必须想个法子，既要让异性看到自己高大英俊的形象，同时又不能引起同性竞争者的注意。

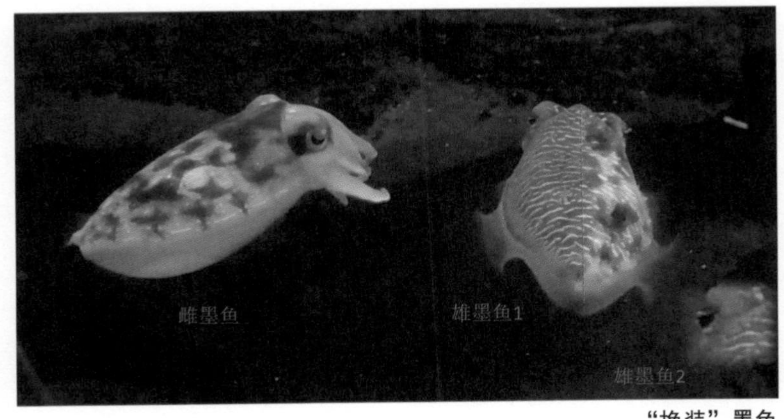

“换装”墨鱼

该怎么做呢?

在长期的进化中，准备求偶的雄性墨鱼把身体的一面变成雌性，把冷漠的一面展示给同性，以此来迷惑潜在的竞争者。其他墨鱼看到后，以为这是一只没有交配愿望的雌性，只好打消自己求偶的念头。与此同时，它身体的另一面却是色彩明亮的一面，展示给自己心仪的对象（异性），以此吸引交配对象的注意力。

当然，雄性墨鱼仅仅会在身边有其他雄性墨鱼的时候才会表现出这种独特的功能。假如它和雌性墨鱼独处的话，就可以大大方方地享受恋情，没必要开启这种“双面”模式。但是如果身边有过多的雄性墨鱼或者有多于一只雌性墨鱼的时候，它就会陷入尴尬，因为此刻它也拿不准应该拿哪一面对着谁。

我们在生活中非常讨厌当面一套背后一套、玩两面三刀的人。然而，动物中的墨鱼为了求偶，不得不展示自己的“双重性格”。我们不要用人类的想法来评判动物的行为。

大熊猫爱的仪式

大熊猫 李晟 供图

我们对国宝大熊猫（*Ailuropoda melanoleuca*）并不陌生，电视里、图画上处处可见它们憨态可掬的样子。可是野生的大熊猫是什么样子，你是否见过？

3 月的秦岭山川，尽管春寒料峭，乍暖还寒，报春花却耐不得寂寞，早早地吐出了鲜嫩的花蕾，春天来了，也预示着大熊猫的“爱情季”来了。

大熊猫有垂直迁徙的习性。秦岭大熊猫从当年 10 月至翌年 5 月的 8 个月内，在低海拔的巴山木竹林中觅食；6 月向亚高山迁移；7 ~ 9 月，在高海拔地区活动；9 月底以后，气候转冷时，再返回低海拔地带。如此循环，年复一年。

3～4月中旬，那些成年的大熊猫一改往日互相回避的冷漠关系，开始在山野间大声疾呼，寻找配偶。繁殖期的大熊猫，不论雌雄，都会在自己活动的范围内，留下嗅觉信号。它们常在山脊或沟谷的交汇处，利用树干的基部磨擦肛门，将肛门附近分泌的肛周腺涂抹在树干上。这些留有气味标记的树叫作“嗅味树”。

雌、雄大熊猫标记的方式是不同的，味道自然也不一样。雌性大熊猫留下的新鲜标记有些酸，而雄性大熊猫留下的标记具有浓烈的馊臭味，且夹带麝香香味。

这些标记是一种特殊的信号。发情的雌性大熊猫就是利用这种化学通信的方式，将自己求爱的信息传递给雄性大熊猫。附近的雄性大熊猫闻讯而来，展开爱情淘汰赛。

大熊猫的社会里没有固定的夫妻关系。雌性大熊猫怀孕后，雄性就离去了，来年发情的时候，雌性大熊猫要重新选择配偶。由于雄性大熊猫不承担抚养后代的任务，雌性大熊猫的繁殖成本比雄性大得多，因此在择偶方面也比较慎重。

在发情期，雌性大熊猫每天都在不同的树下进行标记，这样可以把自己的信号传播得更远，吸引更多的雄性前来，从而优中选优。雄性大熊猫一旦嗅到这种气味，体内雄性激素瞬间猛增，变得烦躁不安，便四处寻找雌性大熊猫。

雄性大熊猫发现雌性的信号，自然是件好事，但是早到的未必能成功。因为雌性大熊猫要等到卵子足够成熟才愿意进行交配。只有成熟的卵子，怀孕的概率才更高。从雌性大熊猫在树上做标记，到其体内的卵子成熟，大约需要8天时间。在此之前，任凭雄性大

大熊猫 李晟 供图

大熊猫 李晟 供图

熊猫死缠烂打，雌性大熊猫都不会接受。

面对雌性大熊猫的冷淡，雄性大熊猫坚持穷追不舍。雌性大熊猫走到哪里，雄性大熊猫就跟到哪里。这种口香糖似的纠缠，让雌性大熊猫很是不爽。为了躲避这种纠缠，雌性大熊猫使出绝招——上树，它爬到一棵高大的冷杉树上，在树杈上躲避、休息。

先到的雄性大熊猫守在树下，不时发出略带颤音的求偶声，类似羊叫，它有时还企图爬上树去接近雌性。每当雄性大熊猫爬到树的中部，雌性大雄猫便会发出像狗一样的狂叫声，雄性便不得已而作罢。

求偶不成，又不甘心放弃，雄性大熊猫只好以雌性躲避的那棵树为中心，一圈圈地巡视着，巡视半径为 20 ~ 30 米，并不时地在

大熊猫 李晟 供图

这个范围内的树上撒尿或磨擦肛门做标记，以此告诫其他雄性大熊猫：这是自己的势力范围。动物学家把雄性大熊猫巡视的这个范围称为“发情场”，把雌性大熊猫上的那棵树称为“中心树”。守在中心树下面的雄性大熊猫暂时拥有对发情场的控制权[16]。

如果先到的雄性大熊猫能够一直霸占着发情场，等到雌性大熊猫的排卵期到来，那么它就有机会与之进行交配。可是自然界的情况要复杂得多，因为不止一只雄性大熊猫在此守候，“比武招亲”在所难免。

闻到雌性大熊猫嗅味树的气味，附近的雄性大熊猫都会赶过来，和之前霸占“发情场”的大熊猫形成竞争。雄性大熊猫相见谁也不会谦让，熊猫家族交配权是靠实力说话的，没有先来先得的规矩。

就这样，为了占领“发情场”，两只或更多的雄性大熊猫便展开竞争。双方使尽浑身解数，后腿蹬地，挥舞前肢，口中发出吼叫，为的是能够从气势上压倒对方。恐吓并没有使对方退却，只好准备决斗啦。同类之间的厮杀，过程是简单的，情节是单调的，因为你会的本领，对手也会。此时的大熊猫不再憨态可掬，而是展示出自己最凶猛的一面。尽管如此，它们之间的打斗还是有分寸的，虽然也互相撕咬，可是力度上作了保留；虽然也会受伤，但很少出“熊命”。这种打斗叫作仪式进攻，更像是擂台上的比武，而不是战场上的厮杀。

雌性大熊猫会在树上观望雄性间的打斗。一来自己的排卵期还没到，二来它要从中进行选择。此阶段，雌性大熊猫从发情到交配的过程长达 8 天，期间几乎不吃不喝，只能偶尔利用两只雄性大熊猫打斗之际，离开“发情场”补充能量。

看到雌性大熊猫转移，争斗获胜的雄性会立即追赶。雌性被迫爬上新的“中心树”，而雄性会占领新的“发情场”。然后雄性面临新的挑战，一直到雌性愿意接受交配。期间，它们往往要更换 4 ~ 6 次“中心树”和“发情场”[17]。

长期占据“发情场”、多次击败“情敌”的雄性，如果不到雌性的排卵期，那也仅仅是取得暂时的胜利。雄性间的争斗反反复复，失败的还会再次回来，取得胜利的还要面临新的挑战。

随着雌性大熊猫排卵期临近，外阴越发红肿，流出黄色的液体，散发的味道也越来越浓烈。远在 50 多米外就能闻到，酸酸的，类似巴氏消毒液的气味。到了排卵期，雌性大熊猫会在树上发出温柔的“羊叫”声，此时它不再矜持，而是主动向最后的胜利者发出交合的信号！

雌性大熊猫这一叫，不仅让守候在树下的胜利者急不可耐，附近的雄性大熊猫，无论是之前的战败者还是新到的，都作出了回应。战斗还得继续，直到把所有的对手都赶走，最后获胜的雄性大熊猫才可以安心交合。

大熊猫的交配制度是多雄多雌。也就是说，在发情季节，无论雌雄，野生大熊猫都不止和一个异性进行交配。对于雄性大熊猫，它们要尽可能与多只雌性交配。对于雌性大熊猫，和多只雄性大熊猫交配，可以增加它们受孕的机会，并通过“精子竞争”产下优质的后代。

参考文献

[1] 杨维康，乔建芳，高行宜，等．新疆准噶尔盆地东部波斑鸨炫耀栖息地选择 [J]. 动物学研究，2001, 22(3): 187–191.

[2]Yang W K, Qiao J F, Combreau O, et al. Breeding habitat selection by the houbara bustard *Chlamydotis macqueenii* in Mori, Xinjiang, China[J]. Zool. Stud, 2003(42): 470–475.

[3] 杨维康，乔建芳．准噶尔盆地东部波斑鸨繁殖栖息地的植被结构和功能 [J]. 干旱区研究，2000, 17(4): 17–26.

[4] 史殿才．红脚鹬繁殖习性的初步观察 [J]. 吉林林业科技，1991 (4): 38–39.

[5]Hale W G, Ashcroft R P. Studies of the courtship behaviour of the Red shank Tringa totanus[J]. Ibis, 1983, 125(1): 3–23.

[6] 付新华．一只萤火虫的旅行 [M]. 上海：上海锦绣文章出版社，2011.

[7] 付新华，王余勇，雷朝亮．条背萤的闪光求偶行为 [J]. 昆虫学报，2005, 48(2): 227–231.

[8] 鲁长虎，常家传．翠鸟繁殖习性的初步观察 [J]. 野生动物，1992, (1): 005.

[9] 刘晓明，李明，魏辅文．雌性动物多次交配行为的机制及进化 [J]. 兽类学报，2002, 22(2): 136–143.

[10] 刘焕金，苏化龙，申守义，等．关帝山鵟鵎繁殖生态的初步研究 [J]. 动物学杂志，1988, 23(6): 8–12.

[11] 张守忠．鸟类建筑大师——群居织巢鸟 [J]. 大自然探索，2007 (2): 56–60.

[12]Schaeff C M. Courtship and mating behavior [J]. Reproductive Biology and Phylogeny of Cetacea: Whales, Porpoises and Dolphins,

2016: 349.
[13] 张大治，郑哲民．中国蜻蜓目昆虫研究现状 [J]. 陕西师范大学学报：自然科学版，2004, 32(2): 97–100.
[14] 徐仁修．珈蟌爱情剧 [J]. 森林与人类，2014(4): 003.
[15]Brown, C., Garwood, M. P., & Williamson, J. E. It pays to cheat: tactical deception in a cephalopod social signalling system. Biology letters, (2012)，rsbl20120435.
[16] 雍严格，魏辅文，叶新平，等．佛坪自然保护区野生大熊猫交配行为的观察 [J]. 兽类学报，2004, 24(4): 346–349.
[17]Swaisgood R R, Lindburg D G, Zhou X. Giant pandas discriminate individual differences in conspecific scent[J]. Animal Behaviour, 1999, 57(5): 1045–1053.

婚配制度

黄喉蜂虎 张岩 摄

在历史长河中人类的婚配制度是不断变化的，从母系社会到父系社会，再到封建社会的一夫多妻，发展成如今全球大部分地区的一夫一妻。人类的婚配制度的形成既有进化的驱动，又经过文明的洗礼。相比之下，动物婚配形成的原因要简单得多。动物的婚配制度是在动物进化过程中产生的，是与自然选择密切相关的一种现象，是指在某一动物种群中，为获得配偶而普遍采用的行为策略， 它包含如下含义：1. 所获配偶数；2. 获得配偶的方式；3. 配偶联结存在与否及其特征；4. 异性个体提供亲体照顾的方式。在动物世界中，婚配制度是多种多样的，有单配制（一雄一雌制）和多配制（一雄多雌制、一雌多雄制和混交制）。动物种类繁多，生活史千差万别。婚配制度作为一种进化对策，是动物对环境适应的结果。

一雄一雌制，即达到性成熟的个体在其每一个繁殖季节中只有一个固定的伴侣，有些种类一生中只有一个配偶。一雄一雌制一般需要雌雄共同参与抚养后代。91.6%的鸟类和3%的兽类是这种婚配制度。我们熟悉的大天鹅（*Cygnus cygnus*）便是一雄一雌制的典范。大天鹅夫妻在每年迁徙的时候可能会失散，但是在初春回到固定的繁殖地后，它们首要的任务就是寻找自己的伴侣，然后成双成对地在栖息地活动。

一雄多雌制，即一个雄性与多个雌性交配，但每个雌性只与一个雄性交配。这是动物界最常见的婚配制度，通常与雌性的育幼方式有关。这种婚配制度下，雄性很少育幼，其大部分时间用于保护领地，2%的鸟类和94%的兽类是这种婚配制度。一雄多雌制中，雄性动物为了同时拥有多个配偶，采取的策略也是多种多样的：雄性往往会占据一个资源丰富的区域，等着雌性自动送上门来，想要分享资源的话，就得先同它交配。雄性也可能会寻找聚居的雌性动物并驱赶靠近这个区域的其他同种雄性。还有一种称作“求偶场”的繁殖模式，许多雄性动物在一个“仪式场地”共同进行求偶的展示，慕名而来的雌性动物在它们之中挑肥拣瘦，最终选择一个心仪的对象与之交配。

一雌多雄制，雌性个体比雄性个体大且体色鲜艳，雄性照顾后代。这种婚配制度在动物界最稀少，鸟类中该制度比其他种类多，但也只有0.4%，主要集中在鹤形目和鸻形目鸟类。灵长类中一些绢毛猴兼具这种婚配制度。有些蛙类也是一只雌蛙与多只雄蛙抱对，两性同时排精、排卵。

混交制，雌、雄两性都没有自己固定的配偶，大家随机组合，形成不加选择的婚配关系。雌性个体不形成固定的配对关

系，即使形成，持续时间也很短。在抚育后代上，双亲都不抚育，或只有雌性提供照顾，雄性很少抚育。这种制度在鱼类中大量存在，大量的雄鱼和雌鱼在某个固定的时间聚集到一个固定的地点，然后同时排精和排卵。

除了基本的婚配制度外，还有一些婚外交配的情况。很多情况下，雌性动物采取这种策略是想在亲代抚育中获得更多雄性动物的帮助，或给自己的卵上个多重保险——自己的配偶有可能随身带有这样或那样的问题，导致卵的受精率不高，或有死产的可能。如果和多个雄性交配，风险将会降低。有些雄性也会在雌性排卵期与其他雌性交配，这样会帮助它增加自己的后代数量。

总之，动物们不管采取什么样的交配策略，其终极目的只有一个，那就是要尽量增加自己后代的数目——不光是受精卵的数目，还有后代成功长大的数目，用学术的语言来说，叫作增加自身的适合度。在动物的世界里没有伦理道德和法律束缚，这种赤裸裸的竞争体现得淋漓尽致。在一次次的尝试和失败中，只有最优的策略才得以在进化中保存下来，其后代也会从它们的遗传信息中继承这种策略。

一夫一妻猛金雕

鸟类中猛禽大多是一夫一妻制，相比中小型猛禽，大型猛禽的夫妻关系更加长久。金雕（*Aquila chrysaetos*）便是其中的典范。它们实行一夫一妻制，一旦求偶成功，一般会长期生活在一起。

金雕的婚配关系为合作型一夫一妻制。这种婚配制度的形成源于雄鸟的照顾对雌鸟的繁殖成功极为重要。它们的后代需要夫妻双方共同抚养。栖息在极地或高山地带的金雕，在繁殖期需要亲鸟对卵进行连续的孵化，否则卵和正在发育的胚胎都将受到损害。孵化期，虽然主要由雌金雕孵卵，但是雄金雕的责任并不轻松，它要承担换孵、警戒、捕猎的重任。尤其是雏鸟出壳后的前两周，雌金雕在巢中，照看雏鸟。捕猎的重担由雄金雕承当。如果雄金雕没有参与抚养后代，孵化期的雌金雕会选择弃巢，因为就算卵能成功孵出，仅靠雌雕一己之力也无法把雏鸟养大。因此，雄鸟参加抚养后代是金雕成功繁殖所必需的。这是它们一夫一妻制的重要原因。

此外，一夫一妻制的婚配关系和金雕的生存环境有着密切关联。金雕领地庞大，雌雄金雕占领一块领地非常困难。换一个伴侣意味着换一个领地，这种代价太高。动物的婚配制度在一定时期、一定环境压力下会保持相对的稳定性，但是一种行为策略只能适应一种或一类生态环境。随着环境因素的改变，婚配制度也可能发生改变，同一物种生活于不同环境下的不同种群完全可能采用不同的婚配制度。比如，北美地区的金雕种群，每年要在繁殖地和越冬地之间进行迁徙。今年这块领地属于你，但是明年就是未知数了。此种情景下，

金雕 邢睿（西锐） 摄

金雕夫妻关系就没有那么稳定了。前年一起繁殖的金雕夫妇，到了明年就不一定能继续在一起了。在动物的进化过程中，一种在动物繁殖过程中具有重要意义的行为策略，如果为种群内大多数个体所接受，那么必定是好的策略。如此说来，金雕的单配制在进化上是有利的。金雕在整个繁殖过程中必须保持密切的配偶关系才能保证繁殖的成功。这也是这类鸟所形成的单配制的主要特点。这种单配制是鸟类为适应环境特点在自然选择过程中产生的一种行为策略，故而称为合作型一雄一雌制。

事实上，金雕的一夫一妻制还有很多优点，比如，雄鸟到了繁殖期不必花费太多的时间去寻找配偶。维持原有的配偶关系不但可以节约求偶炫耀所需的能量和时间，更重要的是，它们对环境和配偶的熟悉加强了彼此间的默契。

对于金雕这种大型猛禽来说，夫妻间的默契对于交配很重要。英格兰的猛禽专家沃特森先生曾这样描述金雕的交配行为："在一块大石头上面，雌鸟身体呈水平姿势，翅膀稍微张开，雄鸟先在空中进行一个短暂的飞行，调整身体，而后直接趴到雌鸟的背上，之后雌鸟发出类似口哨的声音，整个过程持续 10 ~ 20 秒。"如果金雕夫妻关系不是那么默契的话，交配很难在短时间

金雕 邢睿（西锐）摄

内完成。

令人意外的是，尽管金雕是一夫一妻制，但婚外交配也时常发生。在雌雄金雕都有一个固定配偶的前提下，它们还会或被动或主动地与栖息在附近区域内的其他异性交配。

雄性动物在繁殖过程中有获得多个配偶的倾向，这已形成一种共识。 而雌性动物也有多配倾向却很少引起人们的注意。雌鸟为什么要进行婚外性行为呢？ 性选择理论认为，雌性选择雄性是为了获得资源，或为了下一代获得优秀基因。在单配制的金雕中，雌性个体与非配偶雄性交配往往不能获得资源上的好处，但这些有婚外性行为鸟类的后代在基因型上表现有多配特征，有人称为“遗传一雄多雌制”，这有利于后代的基因扩张[1]。

金雕 邢睿（西锐）摄

单配制中，雌性有婚外性行为，意味着雄性个体可能将照顾没有血缘关系的雏鸟，这对于雄性个体来说是不利的，因此雄性个体可能会守护雌鸟，减少其发生婚外性行为的机会。对很多单配制动物的后代进行亲子鉴定显示，同一窝幼崽中往往多少会有一定比例是其他雄性的后代。这也就是说，在雄性动物小心守护伴侣的那段时间内，它的配偶还是给它“戴上了绿帽子”。相比之下，这种情况在金雕身上很少发生。因为金雕夫妇有自己的领地，外面的金雕一般不敢进犯。在绝大多数情况下，雄金雕在这段关键的时期都会寸步不离地守护在配偶身边。这段时间内，雌金雕一旦和其他雄金雕交配，那么雄金雕之前所有的努力都将付诸东流，并且还不得不帮别人养孩子。

一夫二妻长臂猿

灵长类动物是动物界最高等的类群，其中长臂猿(Hylobatidae)又是灵长类中较高等的一类，与猴相比，它们在外貌、面部表情和身体内部结构等方面与人类更为接近，具有一些鲜为人知的生命奥秘。

20 世纪 90 年代以前，野外研究观察到的长臂猿，基本都是一夫一妻家庭群，即每个家庭由一个成年雄性和一个成年雌性以及它们的后代组成。它们 3 ~ 5 年才能生一胎，10 岁左右性成熟，然后从家中迁走。

但是，近年中山大学范朋飞教授的研究证实，长臂猿都是一夫一妻制的观点不完全正确，他在对中国的西黑冠长臂猿(*N.omascus concolor*)、东黑冠长臂猿（ *N.omascus nasutus* ）和海南长臂猿（ *Nomascus hainanus* ）的野外研究中都观察到了一夫二妻的家庭结构 [2]。

那为什么有些长臂猿群体是一夫一妻，而另一些却是一夫二妻呢？一夫二妻长臂猿家庭，是不是一种常态，比如因为人类破坏它们栖息地导致其种群数量过小，从而成年的长臂猿无法迁出寻找配偶被迫留在家庭里面？

在同一家庭群内的两只成年雌性中，如果只有一只繁殖，那就可能是无法寻找配偶，便继续留在娘家。但是假如两只雌性都能繁殖，那就说明它们的角色是同等的。2003 年，范朋飞到无量山的大寨子进行长达 3 年的西黑冠长臂猿野外研究。他对研究范围内的 5 群长臂猿家庭结构进行了调查，并习惯化（长期跟踪长臂猿群，使其习惯跟踪者的存在）了一群长臂猿。他发现这 5 个长臂猿家庭都是由一夫二妻及其后代组成的，并且直接观察到了两个家庭群里面的两只成年雌性都能繁殖后代。这就说明在长臂猿的社会中，一夫二妻可能是一种稳定的形态。

此后，其他研究人员又习惯化了研究基地周围的 3 群长臂猿，观察到它们发生了很多变化：有 2 次雄性取代，3 次雌性取代，10 多只小长臂猿出生，同样多数量的长臂猿死亡或迁出。而这整个过程中，所有观察到的长臂猿家庭一直都维持着一夫二妻的家庭结构，这更加有力地证明了一夫二妻制在长臂猿婚配制度中是稳定的。

人们可能会关心地问，这两个雌性之间的关系怎么样？会不会像猕猴社会里一样有比较严格的等级关系？其实不然，同一个家庭里面的两个雌性个体之间日常关系比较融洽，会相互梳理毛发增进感情交流，也不存在明显的食物竞争。

得知它们的婚配关系后，我们再一起看看它们的日常生活。

在繁茂的热带和亚热带密林中，低处灌木、藤本植物丛生，高处大树遮天蔽日，视觉严重受阻，通过声音传递信息成为明智之举。生活其间的长臂猿，便成了声音通信的“专家”。

所有种类的成年长臂猿个体都能发出嘹亮的鸣叫。就像人的声音有自己的辨识度，不同种类、不同性别、不同群体的长臂猿，发出的鸣叫也各不相同。鸣唱，并非长臂猿后天习得的技能，而是复刻在基因中，代代读取的。

清晨，在高高的大树上，长臂猿开始了一天之鸣。长臂猿是昼行性动物，其生物节律与光照强度不无关系，日出后的几个小时（7 ~ 10 点）是它们鸣叫的高峰时段。

灵长类的歌唱行为几经进化，从最初的单声、连续高声呼叫到有规则和旋律的音乐，从发出高音以守护领域、警告危险到表达情感、超越现实。人类音乐的源头可以从长臂猿的鸣叫声谱和结构中管窥一二，毕竟我们和长臂猿是近亲。

由于不同种长臂猿的叫声具有明显的差异，研究者在野外调查中也可用来判断该区域分布的长臂猿物种。因此，了解长臂猿的鸣叫习性，也是了解和保护长臂猿的第一步。

长臂猿还是森林杂技家，它们就像电影中的“泰山”，可以在高高的大树冠上荡行如飞。那一个个出色的向前、向后大回环，各种换握、转体和扭臂握，即便在专业体操运动员面前也毫不逊色。

这一切，要归功于长臂猿的长臂，这是它们进化出这种运动模式的决定性因素。一般而言，一只成熟长臂猿从头到尾骨约 50 厘米长，它的手臂（前肢）长于腿（后肢），另外手掌也很长。如果在地面直立行走，长臂猿双手下垂可以触及地面，两手臂伸展开来可长达 1.5 米。

在野外生活的长臂猿大部分日常生活

生活在云南无量山的西黑冠长臂猿 唐云 摄

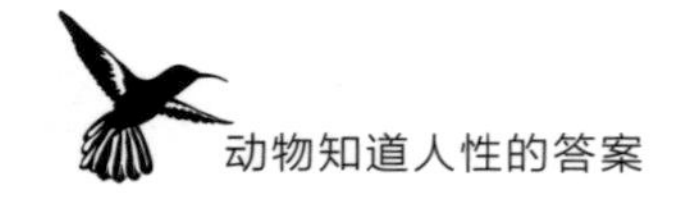

行为都发生在树冠层。有研究数据显示，长臂猿所有的运动中超过50% 都是这种臂荡式运动，一次荡行，最远距离达 10 米以上。为了适应树上的生活，它们进化出了苗条的体态、细长的手臂和手指修长的双手。一有风吹草动，长臂猿便会找到最近的高处跳上去，这种往高处走的本能，镌刻在它们的基因里。

即便如此，聪明的长臂猿，由于人类破坏其栖息地，它们的种群也在不断减少。目前中国境内的长臂猿都是国家一级重点保护动物，属濒危物种[3]。

一夫多妻金丝猴

滇金丝猴 朱平芬 摄

自然界中，有些动物的一生都是在孤独中度过的，很多鱼类、两栖类动物在生殖季节后就各奔东西，像蜗牛、海龟等，它们都是独行侠。但是有的动物一生都生活在一个拥挤的社会中，比如滇金丝猴（*Rhinopithecus bieti*）的重层社会。

滇金丝猴是以小家庭（OMU）为基础组成的大混合群，每个小家庭中只有一个成年雄性和数量不等的成年雌猴、青年猴和婴猴，是典型的一夫多妻制。这种小家族为基本繁殖单位。同时，也存在游离在小家庭之外的、全由单身猴组成的全雄群（AMU），俗称光棍群。它们是在争夺交配权过程中的失意者和那些尚未成年的青年

滇金丝猴一家 朱平芬 摄

猴。滇金丝猴猴群就是由多个家庭繁殖单元和全雄群组成的。这种基于小家庭的由多个组织水平形成的社会模式，被称为重层结构社会[4]。

滇金丝猴每个家庭是一个自治的单元，具有典型的家庭生活方式。猴群没有猴王，各个家庭之间友好相处，又往往保持着互不相犯的默契。每个家庭由主雄猴担当保护任务。主雄为成年大公猴，它体形粗壮，身上的毛又厚又长，背部和肩部的毛长可达 150 毫米，臀部的毛长可达 250 毫米。一只成年大公猴体重可达 30 ~ 50 千克，几乎是雌性的两倍。它时刻保持高度警觉，准备驱逐来犯之敌，一旦发现异常情况就发出“喔嘎”的叫声。

那些光棍群中的成年公猴们，对拥有家庭的主雄猴，时刻虎视眈眈。它们通常会找家庭的主雄猴决斗，一旦获胜，就可以取代主雄猴，成为家庭新的主雄。在此过程中，雄性之间往往产生激烈的打斗，有时候甚至会闹出“猴命”。有时候，聪明的光棍也会采取“和平演变”的方式，悄悄地侵入，采取不断靠近的策略吸引别人家的雌性迁移到自己身边，形成新家庭。有时主雄的突然消失或死亡会导致后宫的分裂，雌性在此情况下会各自迁移到不同的家庭中，或追随具有母系关系的亲缘后代而聚集到一起，等待新的主雄产生。在所有这些类别中，后宫雌性对雄性的偏好最终决定了整个主雄更替的过程。

滇金丝猴，一个家庭中这么多成员，不可能猴猴平等，它们是有等级的。它们还秉承“群体为我，我为群体”的原则。猴群中经常会形成一些对资源分配的自主调节机制，例如，个体通过提高自身的容忍度，或通过支配从属关系降低因不必要的竞争而带来的能量消耗等。

滇金丝猴每个小家庭彼此之间相互依赖，有时它们也会在家庭之间迁移，家庭之间会形成线性的社会等级，个体数量多与打斗能力强的小家庭等级会高于新形成或迁入的家庭。当等级确立以后，个体间的高强度攻击行为就很少发生，取而代之的是相对较弱的回避行为或仪式化行为。等级越高，分配的资源自然就越多。当等级确立之后，滇金丝猴就成为了一个比较稳定的群体。生活并非为了打打杀杀，滇金丝猴也没有建立帝国的宏愿，它们只是为了生存和繁衍后代这个共同的目标而组成家庭。猴群在移动时，每个家庭会默契地与群中大多数个体的移动方向保持一致，当休息与取食时猴群会形成类似同心圆的形状，高等级的社会单元会出现在猴群内层，而新迁入和新形成的家庭会出现在猴群外层。

滇金丝猴母子 朱平芬 摄

滇金丝猴母子 赵序茅 摄

家庭内部，作为主雄猴的夫人们，交配权的竞争是难免的。早期的雌性等级关系是通过个体间反复的争夺建立起来的。如同皇帝的后宫一样，想要获得更高的等级，母猴必须争得主雄猴的宠爱，获得更多的交配权。

但是在交配季节，主雄为了维护自己的地位经常战斗。如此一来，后宫的女人，尤其是平常不受宠爱的和遭受嫌弃的就有了“偷汉子”的机会。主雄猴绝对不想看到母猴给它“戴绿帽子”，但这是无法避免的。

一妻多夫三趾鹑

在动物王国中，虽然占主流的婚配方式是一夫一妻制和一夫多妻制，但仍然存在一妻多夫制。一夫多妻（一雌多雄）现象主要集中在低等动物中，比如蛙和鱼类。这些动物的雌雄两性平时不怎么来往，只在繁殖季节才凑在一起，完成种族繁衍的使命。兽类中极少有一妻多夫制，鸟类世界中有 0.4% 的种类为一妻多夫制，知名的有黄脚三趾鹑（*Turnix tanki*）、红颈瓣蹼鹬（*Phalaropus lobatus*）、彩鹬（*Rostratula benghalensis*）。

黄脚三趾鹑其貌不扬，拳头般大小，脚黄色，仅具三个前脚趾。论排行，它倒有点小名气，是鹤的远房姊妹。黄脚三趾鹑形态和习性都较为奇特，雌鸟大于雄鸟，颜色也较雄鸟俏丽几分。

在繁殖期，黄脚三趾鹑的求偶炫耀行为也是由雌性发起的。为争夺雄性，雌性们失去了往日的和气，经常斗得天昏地暗。它们常常打得头破血流、难分难解，直到一方服输为止。获胜的雌鸟昂首挺胸地带

红颈瓣蹼鹬 邢睿（西锐）摄

领它抢来的一群丈夫，来到自己早已占领的地盘。等到雌鸟产完卵，什么都不愿干，就连孵卵抚育幼儿这等大事也推给它的一群丈夫[5]。

黄脚三趾鹑于6月中旬产卵。每窝卵4～5枚，为梨形，色泽有别，多为浅黄色。卵经雄鸟孵化12～13天，雏鸟破壳而出。刚出壳的雏鸟头大颈细，全身披满褐黑色的绒羽，待全身绒羽风干、眼睛睁开后，即可站立走动，并发出尖细而低沉的鸣声。雄鸟在雨季育雏十分辛苦，它们常在巢区转来转去，发现天敌时，便惊恐地以鸣声示警。雄鸟有时还要梳理雏鸟的羽毛，并常将雏鸟汇集到一起取暖。发现食物，雄鸟随即呼唤雏鸟[6]。

鸟类中不仅是黄脚三趾鹑，红颈瓣蹼鹬和彩鹬也实行一妻多夫制。

红颈瓣蹼鹬的雌鸟身躯要比雄鸟高大强壮得多，羽毛的颜色也更加美丽多彩。到了繁殖季节，雌鸟更是主动出击，盛装打扮，极尽炫耀之能事，以使雄鸟动心。在有别的雌鸟与其争风吃醋时，它还会大打出手，进行一场激烈的抢新郎争斗[7-8]。

到最后，获胜的雌鸟便以胜利者的姿态，率领抢到手的丈夫们凯旋，在其早已占领的地盘内安营扎寨，欢度蜜月。在筑巢的艰苦劳动中，作为新郎的雄鸟不停地飞来飞去，辛苦地衔回草根、草叶。而此时的新娘雌鸟却躲到一边袖手旁观，悠哉游哉。尤其在产卵之后，雌鸟便抛夫弃子，远走高飞，另择新欢。而全部孵卵、育雏的重任，便由老实巴交的雄鸟承担起来。

和前两位如出一辙，彩鹬也是女貌男才。彩鹬的雌鸟要比雄鸟漂亮很多，而且雌鸟要比雄鸟大。这与雌性彩鹬需要求偶炫耀的繁殖行为有关。雌鸟主动向雄鸟示爱，为了获得雄鸟的青睐，多抢几

个丈夫，它得让自己保持艳丽的外表。

彩鹬

虽然是一妻多夫制，但为了保证雄鸟有动力孵化自己的后代，彩鹬雌鸟并不是同时拥有多个丈夫，而是在某一段时间内只与一只雄鸟保持一夫一妻关系，当它产下鸟蛋后，就会把蛋留给丈夫照看，自己则弃家出走，另结新欢[9]。

彩鹬爸爸是超级奶爸，当幼鸟遇到危险时，它们会把宝宝们护在翅膀和腹下。有意思的是，彩鹬幼鸟感受到外界有危险时，就会不动，装死避险。

这些不太一般的鸟类的共同特征是，鸟卵经常因为捕食或气候反常遭受很大的损失。在这种背景下，生殖成功与否主要依赖于雌性。雌鸟一般具有迅速产出第二窝补偿卵的能力，甚至可以在短期内多次产卵。对这些雌鸟而言，转而寻找其他雄性迅速生下下一批卵是有利于提高其生殖成功率的。而如果雌性都选择离弃，雄性也选择离弃的话，雄性生殖成功率就降低了，所以雄性只好留下来哺育，由此形成雄性负责哺育的一雌多雄制度。

母系社会非洲犬

非洲野犬（*Lycaon pictus*）生活在东非和南非，因身上有黑、白、橙黄三种颜色，又被称作三色犬。它们被动物学家们称为“伪犬类”。“伪”的理由是它们的前肢只有四趾，比所有犬类都少一趾。在外形方面，除了身上有三色之外，最显著的特征是头上竖立的两只非常醒目的大耳朵，听觉系统异常发达[10]。

非洲野犬是群居动物，族群属于母系社会。在每个群体中，有一对能够繁殖的首领犬，用尿液标志领地，其领地范围在200～2 000平方千米。一般情况下，每个群落的成年成员有7～15只，由一对首领统治。群落中雌性往往少于雄性，雌性大多数终生不离开群落，雄性也有一半会这么做，尽管雄性和雌性中存在相分离的统治秩序[11]。

非洲野犬虽然存在等级，但是在日常生活中，家庭成员之间的关系表现得轻松、平等。个体间不必保持距离，它们可以簇拥在一起取暖，用脸或鼻子嗅对方，以表示问候。在日常行为中，非洲野犬受到恐吓的特征是特别难以识别的，它们不像狼那样嚎叫或竖起鬃毛，而是表现出与平时快速前进时类似的姿态，头会低过肩膀，尾巴自然下垂，当对手朝它走来时，它会站定严阵以待。相比之下，顺从则是一种复杂而明显的动作。当它一个个体对另一个个体表现顺从时，它的嘴唇收回，漏出牙齿，前端身体下倾，尾巴举得高过背部，反复颤抖，试图钻到另一只的下面去。正是因为顺从行为的存在，群体内关系大为缓和。

非洲野犬

非洲野犬的社会生活简直就是滇金丝猴的反面。群体中由地位最高的雌性掌权，雄性没有地位而且来去自由。它们的繁殖行为非常独特。首领雌犬才有交配的权力，群体内的所有成年雄犬都是它的后宫男人。首领雌犬会严格监管其他雌犬的发情状况，一旦发现，会立即将它驱赶出族群。像滇金丝猴抢夺家庭一样，有时其他雌犬会向首领雌犬发起挑战，以夺取族群中的领导权和交配权。只有战胜首领那个雌性才可能拥有领导权和交配权。虽然挑战首领地位的厮打不会经常发生，但每到交配季节，两性首领格外敏感，只要察觉苗头不对，它们就会毫不犹豫地上前制止。

在一年中只有一个或者两个雌性产下一窝幼崽。谁来产幼崽，由其在群体中的等级地位决定。在抚育权上，尽管正常情况下亲生母亲拥有第一位权力，但是雌性之间还会争夺抚养幼崽的特权。有时个别胆大妄为者偷欢生下的幼崽也会被雌性首领强行收养，但这种名分不正的幼崽因在族群中地位低下，很难吃到食物，因此难以存活。那些低等级的雌性即便产下幼崽也很难活到断奶期。在非洲野犬的社会中，同一等级的雌性一旦产下幼崽，它在群内的社会地位就会下降。这时，之前和它同等级的个体就会有一种优越感，并且会杀害其幼崽[11]。

在这个体系里，除首领雌犬外，其他雌性成员和一些雄性成员都得自动放弃做父母的权力，心甘情愿地充当头领孩子的照看者、保姆，甚至奶妈。神奇的是，即便没有生育资格的雌野犬，成年后即使不生育也会分泌乳汁，以奶妈的身份养育首领生下的后代。非洲野犬成体间，具有利他主义的食物共享：允许某些成体和幼崽留守在巢穴内，而其他成体出去捕猎，捕猎者回来后给留守者带来新鲜的食物或反哺出来食物。

在习性和能力方面，非洲野犬可以与豺狗媲美。为了能在竞争激烈的大草原上生存， 非洲野犬进化出了非凡的捕猎能力，有超级猎手的美称。草原上的野兽，恐怕只有犀牛、大象和群狮不怕它们。那些被狮群逐出的年老独栖的雄狮，往往最后丧命于它们之口。在斗争中，即使前边的被咬死咬伤，后边的依然上前攻击。非洲野犬夹在狮子、猎豹和鬣狗中间，如果没有高超的求生技巧，是很难立足的。

性爱社交黑猩猩

倭黑猩猩 刘克锦 绘

倭黑猩猩（*Pan paniscus*），是黑猩猩属下的两种动物之一，起先被认为和黑猩猩是同种生物。一直到 1920 年，才有人察觉两者的不同，将其列为一个独立的物种。倭黑猩猩身体被毛较短，黑色，通常臀部有 1 白斑，面部灰褐色，手和脚灰色并覆以稀疏的黑毛。雄性体长 73 ~ 83 厘米，雌性 70 ~ 76 厘米；雄性体重 40 ~ 45 千克，雌性约 30 千克。

倭黑猩猩是高度混交的动物，它们比其他灵长类动物更加频繁地忙于交配，从异性恋到同性恋都有。而且，它们没有具体的交配季节，一年四季都在交配，不是在进行交配，就是在赶去交配的路上。

倭黑猩猩

因此，倭黑猩猩一度被认为是动物世界里最为“淫荡”的动物。但是，另一方面，我们又不得不承认：在性生活方面，倭黑猩猩是与人类最为相似的动物。除了人类以外，它们是唯一采用面对面交配姿势，且会同时进行法式接吻的动物[12]。

倭黑猩猩为什么这样“淫荡”呢?

在倭黑猩猩的社会里，性爱不仅仅是为了繁殖后代，还有其他的功能。它们用性来问候对方、表示道歉以及要求获得额外的食物。对于倭黑猩猩群体中的雌性来说，除了自己的子女外，它们会与其他任何同类发生性关系。它们会自慰，相互手淫。这种频繁的交配被认为是巩固社会联结，消除彼此冲突的方式。在解决争端时，倭黑猩猩并不采用暴力方式，而是用性。因此，性爱不仅存在于异性之间，同性也有这种需求。因此可以毫不夸张地说，倭黑猩猩的整个群落都建立在性的基础之上。

人类对大约 500 种动物的同性恋行为有详细记录，这表明这些动物的性取向是先天性的。但是，非洲倭黑猩猩的同性恋似乎只是出于爱好和平。几乎所有爱好和平的动物都是双性恋，它们解决冲突时经常遵循“要做爱，不要战争”的原则。它们进行性行为的频率很高，交配时会无所顾忌地发出叫声，而且同性性行为经常发生。大概 2/3 的同性性行为发生在雌性倭黑猩猩之间。

日常生活中，倭黑猩猩几乎把所有的时间都花在树上，在树上营造很简单的巢，在树枝上觅食水果，也能用略弯曲的下肢在地面行走。它们有一定的活动范围，其面积 26 ~ 78 平方千米，觅食区域往往是它们集中的地点。和热情好客的人类一样，倭黑猩猩不同族群之间也常有往来。它们长久地保持母子关系，即便分在不同的群里，孩子还常回群探母。倭黑猩猩有午休的习性，还能辨别不同颜色和发出 32 种不同意义的叫声。其行为更近似于人类，在人类学研究上具有重大意义。

婚配任性林岩鹨

林岩鹨

鸟类交配制度中，单配制和多配制（即一雌多雄或一雄多雌）是最常见的。但是，有时候也会出现其他类型。林岩鹨的婚配制度几乎无章可循，既有可能是单配偶制（一雌一雄）、多配偶制（一雄多雌或一雌多雄），也有可能是混交制（多雌多雄），似乎是依照个体的个人魅力和游说能力而定。

林岩鹨（*Prunella modularis*）分布于欧亚大陆、非洲北部、阿拉伯半岛，以及喜马拉雅山—横断山脉—岷山—秦岭—淮河以北的亚洲地区。它通常在常绿的矮树灌木丛中繁殖。在林岩鹨的世界里，无论雌性还是雄性，每个个体为了传宗接代，传递自身的DNA，都费尽心思。一只占据支配地位的雄鸟，会游说一对雌鸟与它一起繁殖后代，这将大大有益于这只雄鸟的生殖活动。同时，一只非常有魅力的雌鸟也会设法引诱两只雄鸟，让它们成为抚育后代的帮手[13]。

这似乎就是一场竞争，谁能让基因传递下去，谁就获得了胜利。雄鸟试图与尽可能多的雌鸟交配，以便繁殖出最大数量的后代。而每只雌鸟则通过招募几只雄鸟来帮助自己养育后代，从而减少自己为养育后代所做出的努力。当雌雄两性个体中的任何一方都不能得到第二个配偶时，一种不稳定的单配偶制就开始盛行了。

由两只雄鸟和两只雌鸟构成的婚配制度，是一种在性冲突中僵持不下的状态。地位高的雄鸟不能赶走仅次于它的雄鸟，这样一来它就不得不与这个不如自己的雄鸟分享身边的雌鸟。而位置显赫的雌鸟也不能赶走另外一只雌鸟，同样也不能声称两只雄鸟都是它的配偶。和多配制相比，这种后院的战斗式的多雄多雌制是不稳定的结合。

雄性交配行为的首要功能是向雌性传送精子。对林岩鹨雄鸟而言，多一次交配或多一个配偶等于多一次做父亲的机会，所以多次交配能提高其生殖成功率。而对林岩鹨雌鸟而言，精子并不是稀缺资源，是产卵能力限制着它们的生殖成功率。

在理论上，一个生殖季节内，一次或几次交配就足够使雌性的所有卵子受精，使其生殖成功率达到最大化。但实际上，多配制和混交制的林岩鹨雌鸟会频繁地和不同的雄性交配，而这样不仅不能带给雌鸟更多的收益，反而会使其付出更高的交配代价。

那林岩鹨雌鸟为何还要频繁地混交?

简单点说，这是为了让雄鸟安心。因为对雄鸟来说，和同一雌鸟多次交配是使它确认自己成为父亲的一种方式，它贡献越多的精子，就越能表明雌鸟腹中的卵属于自己。雌性反复与同一雄性交配，能让它确信其父亲身份，从而为其后代提供更多的抚育帮助。雄性交配越多，它今后提供给后代的食物也就越多。林岩鹨雌鸟在亲代抚育中，如果可以同时得到两只雄鸟的帮助，就可以比一雄多雌制和一雄一雌制有更大的生殖成功率[14]。

研究者过去认为，林岩鹨雌雄多次交配一般只对雄鸟有好处，而雌性却很少受益。然而，从现在的研究来看，雌性和雄性在生殖过程中都力争使自己的生殖利益最大化。

草原田鼠长相守

草原田鼠（左）与草甸田鼠（右）

草原田鼠（*Microtus pennsylvanicus*），是一种体型较小的啮齿类动物，生活在北美洲，是少数几种维持“一夫一妻”关系的哺乳动物之一。许多草原田鼠都有家，还会尽到父母之责[15]。与其他田鼠相比，它们更乐意与自己的伴侣耳鬓厮磨。草原田鼠很少发生婚外性行为，堪称动物界模范夫妻。你会不会以为它们在挑选人生伴侣时也会这么浪漫呢?

至少在雄性这一方，不是这样的。在雄性草原田鼠还是“处男”时，它们根本无法区分单身女郎谁是谁。

雄性单身草原田鼠能够分辨其他雄性田鼠。但是，它们无法分辨雌性田鼠，对它们来说，似乎所有的单身雌性，无论看起来还是闻起来，都是一样的。

为了验证这一发现，我们不妨来看一个小实验。

实验中一共收集到 28 只单身雄性田鼠，然后把它们分成两部分。让其中一半与雌性发生性关系，另一半保持单身。然后，先让实验中的两组雄性草原田鼠隔着栅栏和一只单身雌田鼠进行互动，彼此熟悉。这个单身雌性田鼠和这些雄性田鼠之前并没有见过面。它们彼此可以相互看到、闻到对方。如果它们对这个新来的雌性田鼠感兴趣，那么，表明它们能分辨出这个“单身女郎”。

接下来是验证奇迹的时候。在啮齿类动物中，雄性靠近雌性，并使劲去嗅探意味着它对这个雌性感兴趣。我们来看它们的行为。

结果发现，没有发生过性行为的那组田鼠对新来的雌性毫无兴趣，它们形同陌路。而与之截然相反的是，发生过性行为的那组对新来的雌性田鼠表现出极大的兴趣。这表明，当草原田鼠交配之后，它们辨别异性的能力就会大大增强。

性，会对一段关系改变很大。对雄性草原田鼠而言，性甚至能改变其大脑。在结了对之后，雄性草原田鼠则对其伴侣显示出一种特别的偏爱，它们莫名其妙地就学会了辨别特殊的气味、外表，甚至还能辨别单身雌性田鼠个体。这是因为，交配过的雄性田鼠脑部中催产素和加压素等激素发生了变化。这些激素的水平会影响雄性草原田鼠学习和记忆单个雌性的能力。

雄性田鼠交配之后需要辨别雌性的另外一个原因，则显得比较务实。雄性草原田鼠必须要能辨别出是谁跟它生了孩子，以便去守卫巢穴，共同承担养育之责。

如果让草原田鼠饮酒，它们的关系会怎样呢？能够让情侣间关系更密切吗？或者会适得其反？我们不妨灌醉一群草原田鼠看看。

在实验中，将雄性田鼠和雌性田鼠关在一起，把它们灌醉，记录下两只小家伙拥抱和交配的次数。随后分别放入一只雌性和一只雄性草原田鼠。

结果令人吃惊。喝醉的雌性草原田鼠都是与原配拥抱和交配，不会与新来的家伙勾搭。相反的是，在清醒的雌性田鼠中，有 2/3 喜欢和它们原来的伴侣相处，有 1/3 更喜欢新来的雄田鼠。

实验在雄性身上取得的结果与雌性刚好相反。醉酒的雄性经常躲着原来的配偶，对新来的雌性田鼠表现出极大的兴趣。而清醒的雄性田鼠都选择了原配田鼠。主要原因在于，酒精会增加雌性田鼠的焦虑感，让它们与原配雄性建立并维持稳定的关系。与雌性完全相反，酒精会减少雄性田鼠的焦虑感，促使它们寻找新配偶。

在清醒状态下，草原田鼠和人类一样，由雄性和雌性一起担负起抚养孩子的责任。雄性和雌性之间有很强的依赖关系，雄性田鼠会向家里运送食物并照顾孩子，是动物界难得的好丈夫、好父亲。

可是，同属于田鼠类的草甸田鼠（*M. ochrogaster*）就完全不同，尽管草甸田鼠和草原田鼠的基因相似度高达 99%，但它们是“一夫多妻制”，喜欢杂交。雄草甸田鼠喜欢单独行动，只在发情期与雌性待在一起，对于抚养孩子、照顾妻子这些事情向来都漠不关心。

一边是对家人情深意切的草原田鼠，一边是放荡不羁的草甸田鼠，同为田鼠，并且还是近亲，生活环境也基本相似，为何会出现如此不同?

原来它们之间的行为差异主要是由一种叫加压素的激素造成的。加压素是由下丘脑分泌出的一种激素，主要作用于肾脏，负责调节尿量等功能，与大脑的记忆有密切的关系。大脑中的加压素分泌是否活跃是决定雄性动物是否愿意承担家庭责任的关键因素。

那么加压素究竟是如何影响草原田鼠和草甸田鼠的行为的呢?

激素的分泌过程非常有趣，仅激素本身还无法调节行为，还需要一个接收中心。在草原田鼠的大脑中，与家庭责任感相关的活跃区域叫作腹侧苍白球，是加压素的接收装置，这里的加压素储量很多。而在草甸田鼠的大脑中，就不存在这样的接收中心，无法储存加压素，也就不能激活大脑中的腹侧苍白球，因此它们对于家庭就没有责任感。

如果利用遗传基因技术在草甸田鼠的大脑内增设加压素的接收装置，它们的行为是否会有所不同?

答案是肯定的。给草甸田鼠脑部增设加压素接收装置后，只要再往里注射微量血管加压素，草甸雄鼠就会依偎在雌鼠身边，替它殷勤理毛。随后对配偶变得十分专一。

渡鸦夫妇要拆婚

渡鸦 邢睿（西锐）摄

我们常说“宁拆十座庙，不毁一桩婚”，可是动物界中却有一种专门从事拆婚勾当的鸟，不知它是何居心。

渡鸦（*Corvus corax*）是中国境内两种最大的乌鸦之一。成熟的渡鸦体长 56 ~ 69 厘米，重 0.69 ~ 1.63 千克，通体黑色，具有紫蓝色金属光泽，尤以两翅最显著，不识鸟的人很容易把它当成老鹰。

渡鸦被认为有着高智力，行为复杂，表现出较强的社会交往能

力。最能体现渡鸦智慧的还属它们的拆婚行为。

奥地利维也纳大学的约格·马森及其团队研究发现，渡鸦有时会试图骚扰其他渡鸦间的约会活动，从而把一桩可能的婚姻扼杀在摇篮中。在 6 个月里，研究者总共观察到了 564 次渡鸦的约会行为，其中有 106 次被其他渡鸦干扰。在这 106 次恼人的干扰活动中，52.8% 的尝试成功了，约会双方被分开；有 22.6% 的尝试暂时无法确定其成效，因为最后三只鸟都留下或飞走了。

马森进一步统计了干扰行为的实施者和受害者的详细信息，结果发现：干扰行为的实施者大部分是夫妻鸟和情侣鸟，受害者大部分是相亲鸟。单身鸟并没有展现出一个明确的干扰选择，但它们一旦脱离单身阶层，就会迅速地把目标集中在相亲鸟身上。

可是渡鸦为何要拆散别人的姻缘呢？拆婚的渡鸦，自己能有什么好处呢？

这还要从渡鸦的生活史说起。渡鸦是“一夫一妻制”，一旦确立“夫妻”关系可以维持很久，合雌雄二鸦之力，渡鸦往往可以战胜独栖的同类获取食物或领地。因此在渡鸦中就形成了一个强烈依托于夫妻关系的社会结构：位于最顶端的成功“鸟士”是已经建立了繁育后代关系的夫妻鸟；居于其下的是那些已经很亲密，但是还未拥有个人领地的情侣鸟；随后是正在试图建立情侣关系的相亲鸟；而位于社会底层的贫苦渡鸦，则为单身鸟。至此，渡鸦搅黄同类幸福的意图便昭然若揭：破坏其他渡鸦间的结合，也就变相地保证了自身的地位，维持了食物和领地的稳定[16-17]。

“人为财死，鸟为食亡。”渡鸦与人类共存超过了一千年，它的成功很大程度上得益于它们的取食之道——在觅食方面相当灵敏

且投机。主要粮食是腐肉、昆虫、食物残渣、谷物及小型动物，也取食植物的果实等，甚至还取食人类的剩食等。在世界范围内，渡鸦可以在不同的气候条件下生存，无论是在低海拔的平原，还是在海拔 5 000 米以上的高山，都有它的踪迹。

不仅觅食，渡鸦的综合素质也是有目共睹的。

渡鸦的飞行表演，一点不亚于猛禽。它们的飞行涵盖各种复杂的特技动作，飞行有力量，会随气流滑翔，有时候竟能在空中翻滚。除了高超的飞行技巧，它们的语言也很丰富。我听到过的渡鸦的叫声有呱呱声、咯咯声、尖锐刺耳的金属声、高亢的捶打声、低沉的嘎嘎声及富有旋律的低吟浅唱。

渡鸦拆婚，用人类的视角看是不可思议的。欲知鸟类的行为还需要走进它们的世界。

参考文献

[1] 倪喜军，郑光美，张正旺．鸟类婚配制度的生态学分类 [J]. 动物学杂志，2001, 36(1): 47–54.

[2]Fan P, Jiang X, Liu C, Luo W. Polygynous mating system and behavioural reason of black crested gibbon (Nomascus concolor jingdongensis) at Dazhaizi, Mt. Wuliang, Yunnan, China[J]. Zoological Research, 2006, 27(2): 216–220.

[3] 范朋飞．中国长臂猿科动物的分类和保护现状 [J]. 兽类学报，2012, 32(3): 248–258.

[4] 齐晓光，张鹏，李保国．非人灵长类重层社会中一雄多雌体系的分化 [J]. 兽类学报，2010, 30(3): 322–338.

[5] 安文山，薛恩祥．"女尊男卑" 的黄脚三趾鹑 [J]. 大自然，1995 (1): 12–12.

[6] 梁齐慧．鸟中的女当家——黄脚三趾鹑 [J]. 野生动物，1986, 3: 030.

[7]Reynolds J D. Mating system and nesting biology of the Red–necked Phalarope Phalaropus lobatus: what constrains polyandry?[J]. Ibis, 1987, 129(S1): 225–242.

[8]Whitfield D P. Male choice and sperm competition as constraints on polyandry in the red–necked phalarope Phalaropus lobatus[J]. Behavioral Ecology and Sociobiology, 1990, 27(4): 247–254.

[9]Komeda S. Nest attendance of parent birds in the painted snipe (Rostratula benghalensis)[J]. The Auk, 1983: 48–55.

[10] 船舷．你所不知道的非洲野犬 [J]. 科学之友：上，2013 (9): 48–49.

[11]Frame L H, Malcolm J R, Frame G W, et al. Social organization of African wild dogs (Lycaon pictus) on the Serengeti plains, Tanzania 1967 – 1978[J]. Zeitschrift f ü r Tierpsychologie, 1979, 50(3): 225–249.

[12] 张劲硕 . 倭黑猩猩的性行为 [J]. 野生动物 , 2002, 5: 003.

[13]Burke T, Davies N B, Bruford M W, et al. Parental care and mating behaviour of polyandrous Dunnocks Prunella modularis related to paternity by DNA fingerprinting[J]. Nature, 1989.

[14]Davies N B, Hatchwell B J, Robson T, et al. Paternity and parental effort in dunnocks Prunella modularis: how good are male chick-feeding rules?[J]. Animal Behaviour, 1992, 43(5): 729-745.

[15] 赵裕卿 . 草原田鼠的单配性 [J]. 科学 (中文版), 1993 (10): 37-43.

[16]Heinrich B. Neophilia and exploration in juvenile common ravens, Corvus corax[J]. Animal Behaviour, 1995, 50(3): 695-704.

[17]Bugnyar T, Heinrich B. Pilfering ravens, Corvus corax, adjust their behaviour to social context and identity of competitors[J]. Animal cognition, 2006, 9(4): 369-376.

亲本抚育

海南猕猴 刘博君 摄

人类社会中父母对于子女额养育需要投入很大的资源和精力，尤其是望子成龙的父母更是恨不得将自己拥有的一切都投入到下一代身上。自然界也是如此，无论对于何种生物，亲本抚育都是一笔可观的开销。亲本（动物的父母）抚育行为是指动物对其后代或其亲缘后代提供保护和养育的所有活动，属于本能行为的一种，广泛存在于动物界中。说得通俗点就是爸妈对于孩子的抚养、照顾。在动物繁殖过程中，亲本抚育可增大后代的存活率，但也会消耗亲本较多的能量，影响亲本自身的生存和再繁殖机会等。亲本在抚育后代时，需面对当前投入与未来繁殖的权衡，还需妥善处理配偶间和亲子间等家庭内部关系。然而，不同动物在亲本抚育中可采取不同的策略。

亲本抚育中对子女的付出，为亲本投资。从最早产生生殖细胞到抚育后代生长等所有有利于后代存活的投资都算亲本投资。不过，诸如寻找配偶、同性竞争异性等不能算作亲本投资，因为此类行为并未给后代存活带来好处。亲本投资成本大致分为两类：一类是繁殖成本，比如当前的投资使亲本失去其他交配机会，或者抚育当前后代所花费的时间推迟了亲本的未来繁殖等；另一类是能量消耗带给亲本的生存成本，比如抚育后代消耗的能量使得亲本身体状况变差而更易生病，或者降低了其行动力而导致被捕食的风险增加等。因此，面对如此高昂的亲本投资成本，亲本在整个生活史中需谨慎选择最优的能量分配方式，以作好当前亲本投资、亲本自身生存以及未来亲本投资等之间的权衡。

由亲本哪一方来进行亲本投资，不同动物间则存在有很大差异。一般而言亲本抚育行为可分为三种模式，即雄性抚育、雌性抚育和双亲抚育。据统计，在哺乳类中，约 90% 的科采用雌性抚育，其余约 10% 则采用双亲抚育，很少存在雄性抚育模式。在鸟类中正好相反，占据主导地位的是双亲抚育模式（约 90% 的科），雌性抚育模式约占 8%，另有约 2% 为雄性抚育。绝大多数的鱼类都不表现亲代抚育。亲代抚育行为的研究始终围绕着两个主要问题而展开，第一个问题是“由哪一方来抚育”，第二个问题是“亲代的投入有多少”。前者着眼于解释抚育行为的进化起源，而后者则试图回答 “由谁来抚育”的问题。“亲代的投入有多少”是基于这样的观察结果而提出的，即便是同一种类的亲本在抚育子代时的表现也各不相同，比如在面临捕食者的威胁时，有些亲本可以做到视死如归、不遗余力，而有些亲本却显得畏畏缩缩，甚至弃巢而逃[1]。

灵长类育子有方

动物界中和人类亲缘关系最近的动物莫过于非人灵长类，人类的大多数行为都可以从非人灵长类动物那里找到原型。对于后代的抚育，非人灵长类会有怎样的表现呢?

一、海南猕猴

基于形态与生活习性上的一些差别，猕猴（*Macaca mulatta*）可分为6个亚种（指名亚种、川西亚种、福建亚种、西藏亚种、华北亚种和海南亚种）。海南南湾的猕猴以地区命名，被称作海南猕猴亚种。相比其他亚种，它们的体型略小。岛上已知最重的个体也只有8千克出头，成年个体体长在45厘米左右，雄性略大于雌性。

在人类社会，“一切为了孩子，为了孩子的一切”，是大多数母亲的育儿准则。和溺爱孩子、沦为孩奴的人类相比，海南猕猴有自己的一套育儿经[2]。

海南猕猴 刘博君 摄

海南猕猴 刘博君 摄

猕猴具有群体季节性繁殖的特点。不同亚种、不同地区的猕猴猴群，其繁殖期会略有差异。海南猕猴大约在 11 月中旬进入繁殖期。猴群中的成年雌性个体先后进入繁殖状态并进行交配，这种情况一直维持到来年的 2 月底。

进入 4 月底至 5 月初的生育期，最早怀孕的海南猕猴妈妈就要生宝宝啦。海南猕猴的怀孕期比人类短许多，只有 6 个月。由于它们的分娩会受到光线抑制，因此在野生环境下，猕猴妈妈多数会在夜间，尤其是在上半夜分娩。不同于人类母亲需要有同伴协助生产，猕猴母亲能够自己完成分娩过程。新生儿出生后，母猴会迅速舔净沾在小猴身上的羊水及分娩分泌物，并将分娩时带出的脐带、胎盘、羊膜等吞食掉。这种行为的意义在于消灭分娩的痕迹，以减少潜在捕食者的关注，从而保护尚无躲避和自卫能力的幼崽。

海南猕猴 刘博君 摄

在海南猕猴部落里，绝大多数情况下，母猴每胎只生一只小猴，但也有极个别的观察记载有双胞胎的情况。母猴的恢复能力很快，第一天夜里完成分娩，第二天白天就可以带着新生儿跟随着群体活动。有时母猴粗心，新生儿的脐带没有完全咬掉，剩下的一截还挂在小猴身上。但不出一天，脐带就会干掉并自动脱落。

从第一只海南猕猴宝宝诞生起，猴群便开始了一年中最热闹的时候。新出生的海南猕猴宝宝发育较好，在形态上与它们的母亲非常接近，通体被毛，刚出生的几天内皮肤会有些泛红，随后消退。刚出生的小猴只有巴掌般大小，体重大约只有几百克。它们来到这世界时的样子着实不好看，脸上皱巴巴的，面颊上满是一道道的皱纹。同我们人类正相反，我们是年纪越大，脸上的褶皱越多，而它们随着年龄的增长，与生俱来的褶皱却渐渐被撑开抹平了。

同人类的新生儿一样，小海南猕猴一出生，手指就具有抓握的能力。在自己可以完全跑动之前，小猴会由母猴携带在腹下或背上行走。小猴被携带在母猴腹侧的时候，用四肢紧紧抓住母猴体侧的毛发，身体的朝向与母猴一致，脑袋刚好在母猴的胸前。这样不管母猴是否有精力照看小猴，当小猴感到饥饿的时候，它就可以主动吸乳填饱肚子。相较于腹侧携带，背侧携带出现的概率小一些。但不管是腹侧携带还是背侧携带，动作的发起方都是新生儿，因此母猴的日常行为，如走动、取食、社交行为等受到影响的程度不大。

母猴对新生儿的行为可大致分为两大类：照顾行为与拒绝行为。前者主要包括哺乳、携带、保护行为、理毛行为等，可理解为母猴对新生儿的一种积极投资；而后者则相反，指母猴终止保护及照顾的行为，如拒绝哺乳、拒绝携带等。拒绝行为出现在小海南猕猴出生后约 7 个月的时候。

第一次当妈妈的海南猕猴对新生儿的照顾、携带都需要一些时间，有时候比较慌张，闹一些让人啼笑皆非的笑话，比如让小猴脑袋朝后反方向地携带在腹侧，强烈拒绝小猴吸乳，或将小猴留在原地自己跑开。

7 月的海南猕猴部落里，母猴每天的大半时间都是携带着新生儿，将它抱在胸前进行哺乳，并花一定的时间为它梳理毛发。当新生儿试图逃脱妈妈怀抱或想要走远一点儿的时候，如果母猴觉得这样的行为有风险，它会拽住小猴的腿或尾巴将它留在身边，或干脆直接将它抱回怀里。

在人类社会中，有的妈妈会追着喂养孩子，生怕他吃不饱；而有的则给孩子一碗饭，放心地让他自己吃。海南猕猴也是一样，不同的母猴对待其小猴的方式有很大的差别。有些母猴很谨慎，每分每秒守着它的小猴，不肯让其离开半步。而有些母猴则十分放得开，小猴随处跑也很少管，只有小猴叫唤着找妈妈的时候才去将它抱回怀里。这种差异是由许多因素造成的，除去母猴本身的性格差异之外，母猴的年龄、母猴的等级、母猴的生育史、新生儿的性别、猴群的规模等因素都可能会影响母猴与新生儿之间的互动。

进入 8 月，一、二个月大的小猴已经具有一定的运动能力，便开始了和同伴的玩耍行为。在这种玩耍行为中，一旦有一只小猴感受到了威胁，便“吱吱”地叫起来，它的妈妈就会立刻冲过来将它抱起，其他小猴的妈妈也不甘示弱，也跑过来将自己的小猴抱起。而后就是母猴间的一次冲突——等级较高的个体会进行威吓，低等级的个体则会龇牙表示屈服，当然低等级的个体也可能会有短暂的反击，但迫于严格的等级制度，它最终仍是龇牙屈服。

在人类社会中，母亲哪怕不吃不喝，也要将最好的食物和资源留给子女。但在海南猕猴部落中则不是这样，岛上很多母猴威吓自己的新生儿，拒绝与它们共享食物。这是因为，母猴首先要保证自己的食物、能量摄入，以确保乳汁的充足来供养新生儿，并有足够的精力保护它们。

到了 10 月，这时将会出现较多的母婴冲突，即新生儿希望得到照顾，但遭到母猴拒绝而发生的冲突，比如当新生儿想要钻进母猴怀里吸乳或新生儿趴在母猴身上试图让母猴背侧携带它移动的时候，母猴会闪躲、拒绝新生儿的请求。

为什么会这样呢?

对于这些母婴冲突现象的解释，当下已有两个较为主流的假说:

母婴冲突假说和时机假说。

“母婴冲突假说”认为，母猴对新生儿的拒绝行为是出于一种权衡：是将精力花在养育当下的新生儿，还是将精力留给下一个后代？新生儿希望从母猴处得到照顾，而母亲不愿给予太多精力，因此发生了矛盾。

而“时机假说”则认为，从本质上来说，这种拒绝行为是对新生儿的一种训练，母猴想让小猴在适当的时间寻求哺乳，而不是在母猴取食或移动时。也就是说，母猴的拒绝行为使得新生儿调整它们的各种行为，这样它们才能够在得到充分照顾的同时不打扰母猴的日常生活。

到快 1 岁的时候，小猴的身体机能已基本完善，再也不是妈妈护在怀里的那个脆弱的小不点儿了。这么大点儿的小猴正在渐渐地融入成年猴子的社会，它们会学着妈妈的样子跟随着猴群移动、自己取食、为其他的个体理毛，努力成为一个成年的个体。当然了，对它们来说，妈妈永远是一个温柔而强大的依靠。尽管已经具有独立生存的能力，小猴们还是喜欢跟在妈妈身后，做一个妈妈的跟屁虫。

到了第二年，新一轮的海南猕猴宝宝又要出生了。去年出生的小猴成了哥哥姐姐，再也得不到母猴无微不至的照顾了。年复一年，不出几年，它们中的雌性小猴也会成为抱着小猴跑的妈妈，而雄性则会在成年之后离开这个猴群，去寻找下一个归属地。（本文作者刘博君）

二、携带死婴

没人知道这位母亲的心里到底充斥着一种怎样的情绪，只见它把死婴紧紧抱在胸前，就像孩子还活着一样仍对其照顾有加。在其后的几天、甚至几周里，母亲走到哪里，都会一直带着死婴，并对那些试图夺走尸体的威胁者进行反击。这是在观察过程中所发现的滇金丝猴携带死婴猴的场景。非人灵长类具有丰富的情感，比如滇金丝猴母子情深，即便婴猴已经夭折，很多母猴也会长期携带，为其理毛。不得不说，它们的这些行为与人类面对亲人死亡时的反应很相似。我们的研究小组在野外进行了 404 天的有效观察，以下选取一例来了解滇金丝猴携带死婴的情况 [3]。

2010 年 4 月 3 日，下午 15 点 34 分，滇金丝猴群的一个小家庭中，刚出生一个月的婴猴夭折了。死因不明，尸体表面没有可见的伤痕，不是天敌所伤，猴群内也没有发生大规模的攻击性行为，更没有记录到杀婴行为，所以基本可以排除他杀的可能性。

随后，母猴在取食时，用一只手抱住死亡的婴猴。在移动时，用一只手抓住死婴，用剩余的三足前行。这种携带姿势通常仅在婴猴只有几日龄时出现，因为初生的婴猴无法独立抓握母亲腹部的皮毛。当猴群中有猴子发出警戒的叫声时，母猴就会迅速抓起死婴抱在胸前，进行保护。在猴群休息时，母猴抓着婴猴的尸体爬到树上，为其理毛。

当日下午 16 点 07 分，家庭中的一只亚成年雌性靠近母猴，盯视了死婴 10 秒钟，而后离开，并没有试图碰触婴猴。母猴随即携带死婴离开。除此之外，没有其他家庭成员接触母猴。母猴也没有主动与其他成员接触。

第二天中午 12 点 22 分，猴群休息时，母猴携带死婴爬上树，连续为婴猴理毛三次。其中最长的一次持续 24.5 分钟。母猴为死婴理毛的时间远长于其他母亲为正常婴猴理毛的时间。母猴独自坐着，轻拍着死婴，就那样看着它，15 分钟没有动过。它还会偶尔拥抱死婴。这只母猴甚至赶走一只想要触摸死婴的公猴，露出锋利的牙齿以示警告。

4 月 6 日下午 13 点 30 分，母猴把死婴放在地上，独自爬上一棵树。保护区管理员捡拾到死婴，为了避免死婴传播寄生虫和传染病等，进行检查后将其掩埋。此时，死婴已经严重腐烂，被毛几乎完全脱落，尸体发出臭味。30 秒钟之后，母猴发现死婴消失，即在观察区域的树冠上四处跑动、寻找，并发出哇哇的叫声。

4 月 7 日，母猴不再寻找，恢复往常的生活。

携带死婴这种行为在表面上看来是毫无意义的，甚至可能会随

携带死婴 朱平芬 摄

着尸体的腐烂对携带者造成损害，如传播寄生虫、染病等。那母猴为何还要携带死婴呢?

灵长类研究学者提出了几个假说，试图解释母猴携带死婴的行为。

假说一认为，母猴不能分辨死婴，以为死婴还是有生命的，只是暂时停止了活动，所以才会持续携带死婴并加以照料。这个假说成立的前提是死亡的婴猴还保持着与正常婴猴相同的体貌特征，因此母亲才会持续携带。如果婴猴已经腐烂，母亲将知道这是死婴，便停止携带。

依据我们的观察，母猴是产过孩子的成年雌猴，根据以往的育幼经验，母猴应该能分辨正常的婴猴和死亡的婴猴。另外，死婴的尸体已经部分腐烂，母猴不可能意识不到孩子已经死亡。再者，在滇金丝猴家庭中，除母亲之外的雌性个体也会对婴猴进行照顾，尤

携带死婴 李腾飞 摄

其是对初生不久的婴猴。但是，对死亡的婴猴，除母亲以外，其他家庭成员都不再给予关爱了。说明家庭成员有能力分辨死亡的婴猴。因此推测，母猴不能分辨死婴的假说不成立。

既然母猴能够分辨死婴，那它为何还要携带呢？

有人提出一个尸体腐烂延缓假说：在炎热干燥或寒冷等极端的气候条件下，死亡的动物尸体腐烂较为缓慢，生活在这些地区的灵长类会较长时间地携带死婴。也就是说，腐烂的程度影响了母猴携带死婴与否，如果尸体明显地腐烂了，母猴将停止携带死婴。

滇金丝猴栖息在高海拔地区，气温较低，这样的气候环境可能使尸体腐烂较慢，这在表面上符合尸体腐烂延缓假说。可是本次观察的婴猴死于 4 月，这时气候较为温暖、潮湿，携带 4 天后尸体已经有了明显的腐烂迹象，但母猴依旧携带它。由此可知，母猴对死婴猴携带与否，与腐烂速度没有明显的关联，所以不符合这个假说。

还有一个主流的假说是产后体征维持假说：携带死婴行为受母猴产后激素水平的影响。母猴在婴猴死亡后，促使它照料幼崽的激素不会迅速下降而是仍保持在一定水平。母猴在妊娠期间和产后，在激素的诱导、刺激下，产生母性，从而继续照料婴猴。

我们的观察还发现，婴猴存活的时间越长，母猴携带死婴的时间也越长。由此可见，母子的联结既有生理性因素，也有心理因素。母猴与婴猴共同的生活经历和内分泌系统产生的激素共同起作用，使母猴和婴猴之间产生强烈的情感。因此，当婴猴死亡后，母猴在生理和心理上都无法舍弃它，而是继续携带、照顾死婴。

山噪鹛抚育有道

在自然选择地调控下，每一个后代都倾向于向亲本（父母）索取更多的资源，以获得最大的成活机会。而亲本总是试图平衡对不同子代的投入，以使自己获得最大的繁殖成功。这种亲代与子代之间为了实现各自最大适合度产生的矛盾，称为亲子冲突。强烈的同胞竞争会导致亲本繁殖收益的下降，虽然亲本主观上有能力给予、控制对子代的投入，但是事实上，自然界是否会把调控权完全赋予亲本呢？山噪鹛的例子很好地说明了这个问题[4]。

山噪鹛（*Garrulax davidi*）为中国特有鸟类，属于中型鸣禽，全身黑褐色，头顶明显比背部颜色暗，颏黑色，喉、胸灰褐色，长尾，嘴在鼻孔处的厚度与其宽度几乎相等。山噪鹛 5 月开始营巢，营巢地点多选择丛生灌木和幼树上，雌雄共同筑巢。筑巢后雌鸟每日产 1 枚卵，窝卵数 2 ~ 4 枚。孵化期约 17 天，育雏期 12 天。山噪鹛孵卵和育雏期间，雌雄轮流坐巢，双亲抚育，具有明显的孵化异步性（先产的卵先出壳）。根据同一巢内幼鸟不同的出壳次序，将雏鸟分为核心后代（第一天孵出的雏鸟）与边际后代（第一天以后孵出的雏鸟）。

雏鸟出壳不久，能动性弱，处于非独立阶段，类似于还不会走路的婴儿。不过，雏鸟出壳数小时内就开始乞食，乞食能力随日龄增加而增强。山噪鹛一窝一般要孵化出 2 ~ 4 只雏鸟，雏鸟们都想得到亲鸟带来的食物，于是有了竞争。竞争主要在核心后代和边际后代间展开。核心后代出壳早于边际后代，它们的行为能力更强，因而想得到更多的食物，而后出壳的边际后代为了生存也需要食物。同胞竞争形式以展示性竞争为主，就是看到父母带着食物回巢，大家都争相张嘴鸣叫，以此争夺食物。不过，有意思的是饥饿的雏鸟肯定会乞食，但是雏鸟们乞食未必都因为饥饿。山噪鹛作为一种晚成鸟，它们通过乞食来吸引亲代关注。雏鸟们没有强有力的杀伤性武器，因此不能进行直接争斗；乞食行为是它们之间竞争的一个重要手段。先出壳的雏鸟往往比后出壳的雏鸟表现出更强的乞食行为。

都说会叫的孩子有奶吃，山噪鹛是否也如此呢？

在亲本看来，雏鸟们的乞食行为是反映后代营养状态的一种可靠信号。它们常常据此作出反应，即哪只雏鸟叫得越响亮，就给该雏鸟提供更多的食物。因此，乞食行为成为后代之间竞争亲本投资的一种重要手段。核心后代往往会表现出更强烈的乞食行为，亲本自然格外重视。不过，亲本也会提防那种不饿瞎叫唤影响其他雏鸟进食的行为。于是亲本选择试探性多分配的策略。亲鸟单次返巢携带多只虫子，而单次递食过程中只喂食一只雏鸟。食物来了之后，亲鸟就开始进行试探性喂食。优先乞食者获得优先被试探递食的机会，不过优先被试探者未必获得该食物。如果该雏鸟表现出较强的吞咽力度，则食物优先分配给该雏鸟，否则食物将被重新分配给其他雏鸟。另一方面，亲本递食期间携带多只虫子，较大的虫子往往后分配，以保证真正需要食物的雏鸟获得最大量食物。亲本在食物分配过程中通过多次试探雏鸟吞咽力度是对雏鸟食物需求进行准确的评估，弱化同胞竞争，防止某些雏鸟尤其是核心后代对食物的欺骗性垄断（本来不饿硬是要食物）。山噪鹛亲本通过试探性多分配策略弱化雏鸟的竞争。在雏鸟非独立阶段，亲本递食能力不受雏鸟

山噪鹛 陈艳新 摄

限制，试探性多分配策略在此阶段起到很好的调控效果，这个时期雏鸟间的体重没有太大的差别。

随着雏鸟日龄增加，尤其是快离巢的时候，它们在巢中行为能力增强，进入独立期。此阶段山噪鹛雏鸟能动性增强，此时雏鸟视觉、听觉以及运动能力都获得较强发育，同胞竞争由展示性竞争逐渐过渡到抢占性竞争。即雏鸟乞食行为已由简单的行为展示（乞食鸣叫）慢慢演变为推挤、抢占为代表的主动性竞争行为。对于抢占性竞争模式下的山噪鹛来说，乞食顺序是决定其能否得到食物分配的关键因素。独立期，雏鸟食物需求量大，亲本分配时间短，雏鸟乞食强度与同胞竞争强度限制了亲本的分配能力。

此阶段亲本试探性分配方式已经无法发挥作用，强烈的同胞竞争不再允许亲本有额外的时间——试探雏鸟的需求。于是，亲本调整分配策略，选择直接性单分配策略。亲鸟单次访巢携带多只虫子，80% 的情况下单次递食过程喂食一只鸟，递食过程不再伴随试探行为。乞食最强者优先获得食物分配，且获得最大量食物。虽然亲本优先照顾那些竞争力强的雏鸟，但也不会眼睁睁地看着其他雏鸟吃不到东西。此时，亲本轮换递食方位发挥调控效能。亲本连续递食过程中，雏鸟在巢内位置基本保持不变，不过亲本在此期间不断轮换进巢递食方位，优先靠近亲本嘴部的雏鸟优先获得食物。亲本轮换递食方位弱化位置对同胞竞争的影响，主要起到弱化同胞竞争的作用。不过这种调控作用是有限的，当巢中雏鸟数量比较少时，亲本都能照顾得过来，雏鸟们的体重没有明显差异。但是，当巢中雏鸟比较多时，即便是轮换递食方位策略也不可能照顾到每一个后代。这时候，巢内雏鸟体重出现分化，核心雏鸟体重明显重于边际雏鸟，占据竞争优势地位。

随着雏鸟日龄的增加，亲鸟递食调控能力被弱化，试探性递食方式无法继续弱化同胞竞争，亲本转变调控手段，轮换改变进巢方位弱化同胞竞争。尽管如此，核心雏鸟依然处于优势。然后在食物短缺的情况下，亲本只能通过选择性喂食对某些雏鸟进行淘汰。

面对核心雏鸟的竞争及亲本抚育策略的调整，边际后代也有对应的生存策略。异步孵化对同一时期山噪鹛雏鸟来说，由于边际雏鸟体重小于核心雏鸟，因此其竞争力相对处于弱势地位。到了离巢阶段，边际雏鸟体重增长速率小于核心雏鸟，体重比核心雏鸟轻。对雏鸟而言，离巢生存，体重越大往往越有利。然而，为了克服体重上的不利，育雏期边际雏鸟身体组织发育速率相对大于核心雏鸟，其嘴峰、翅长、跗蹠发育速率大于核心雏鸟。这意味着边际雏鸟以降低体重为代价，消耗相当的能量用于身体组织的发育，这是它们生存的策略。这样做能与核心雏鸟同时离巢是边际雏鸟的最优选择，因为一旦核心雏鸟离巢，亲本的关注点就会放在巢外，对于未离巢的雏鸟照顾会更少。为此，对边际雏鸟来说，降低体重换取身体组织的快速发育，以使离巢后增加存活的机会，无疑是一个明智的选择。

斑胸草雀会“胎教”

斑胸草雀

斑胸草雀（*Taeniopygia guttata*）是较常见的雀形目梅花雀科的鸟类，原产于澳大利亚东部、新几内亚的热带森林中。中国在20世纪50年代从澳大利亚引进，目前为饲养的观赏鸟。此鸟体长10厘米左右。全体羽色青蓝灰色，头部呈蓝灰色，嘴基的两侧及两眼下方，均有黑色的羽纹。最明显的特征是飞羽深灰褐色，尾羽较短为黑色并有较规则的白色横斑，故名斑马雀。

同许多鸣禽一样，斑胸草雀的雌鸟喜欢以“歌”择偶。每到求偶期，雄鸟经常以“鸣唱”的方式求偶。雄鸟声调越高对雌鸟越有吸引力。这是因为声调越高的雄鸟越健康，与之交配，生的后代越容易成活。斑胸草雀是一夫一妻制，稳固的家庭关系能更好地抚养后代。不过，一些斑胸草雀在婚后，也时常会“偷腥”，来上几段婚外性行为。但是它们对抚养后代却格外用心。

斑胸草雀善于利用天然洞穴或其他鸟儿废弃的洞穴营巢，巢材常用细长的草茎及树叶，比如禾本科植物柔软的花絮或果穗。营巢时，雌雄鸟共同协作完成，一般雄鸟寻找合适的巢材衔至洞穴，雌鸟在洞穴中搭建完成巢坯，以后逐步植入细草、羽毛、纤维等巢材。在产卵、孵卵、育雏期间，雄鸟仍要衔细柔的巢材，供雌鸟修补巢穴。多数亲鸟产卵 4 ～ 6 枚，若第一次参与繁殖，有的只产卵 1 枚，最多产卵 3 枚。白天多是雌鸟孵卵，雄鸟守卫在巢穴附近，定时发出单音连鸣，仿佛告诉巢内孵卵的雌鸟“平安无事”。每日早晨、中午、黄昏前夕，雄鸟进巢换出雌鸟。雌鸟出巢，排便、饮水和觅食后，进巢替换雄鸟。

孵化期间，当环境温度高于 26℃时，斑胸草雀会在胚胎发育后期即距离孵化日 5 天内，对卵鸣叫。这是为何呢？如今人类流行胎教，难道鸟儿也如此吗？

很多鸟类的胚胎在发育后期和人类腹中胎儿一样可以识别外部不同的声音，这就意味着鸟儿完全具备进行早期胎教的生理基础。可是我们不是鸟，如何知道呢？澳大利亚科学家的实验，表明即便你不是鸟，也可以发现它们的秘密[5]。

为了解这些鸣声对雏鸟生长发育的影响，科学家录制了斑胸草雀对卵鸣叫的声音——我们称之为“胎教鸣声”，以及平日里成鸟间交流的声音。然后把即将孵化的卵（距离孵化日 5 天）分成两组，放置人工孵化箱中孵化。第一组给这些卵播放胎教鸣声，第二组播放成鸟之间的交流鸣声。两组实验的雏鸟孵化出来之后放回巢中由亲鸟继续抚养。

结果发现，聆听胎教鸣声的卵孵化出来之后，雏鸟随着巢温度升高，其生长发育缓慢。对照组，聆听成鸟之间交流的鸣声，雏鸟出壳后随着巢温度升高，其生长发育快于胎教组。按照我们一般人的思维，亲鸟对卵进行胎教，应该希望雏鸟长得更快才对。可实际上却恰恰相反，这是为何?

实际情况是，当外界温度较高时，亲鸟不希望雏鸟过早地出壳，以及出壳后过快地生长。尤其是当气候变暖时，斑胸草雀边孵蛋边唱进行胎教提醒尚未出生的雏鸟外面天气很热，慢点生长。这是因为高温之下，如果雏鸟生长发育缓慢，体型较小，可以减少发育过程中的氧化损伤（DNA、蛋白和脂肪中不稳定有害分子的积聚），有利于雏鸟的健康。

通过对这些接受过胎教的鸟儿追踪，试验者还发现，这些鸟儿比没有接受过胎教的鸟儿，在下一个繁殖期会生出更多的后代。这项研究说明，胎教确实很重要。

这也证明了鸟类可依据环境去调整繁殖的情况，而且还很有策略性。

雌海豚单亲育幼

海豚 刘克锦 绘

宽吻海豚 (*Tursiops truncatus*) 是已知的能够使用工具的海洋类哺乳动物之一。研究人员发现，当宽吻海豚在沙质海底觅食时，为了避免被沙石划伤，它们会用海绵来保护自己的嘴部。而且，更了不起的是，这项技能能在母子间传授。

成年宽吻海豚的雌性身长为 1.9 ~ 2.1 米，体重为 170 ~ 200 千克，雄性体长为 2.5 ~ 2.9 米，体重为 300 ~ 350 千克。宽吻海豚的身体为流线型，中部粗圆，从背鳍往后逐渐变细，额部有很明显的隆起。由于额部较大，因此头部吻突的实际长度较短。宽吻海豚的上下颌较长，因此获得了“瓶鼻海豚”的别名，它真正的鼻孔是头上的喷气孔。

宽吻海豚是群居生活，成年后雌雄分群。宽吻海豚的脸看上去像在微笑，让大多数人觉得它们是愉快、温和的动物。但是这种海豚，尤其是雄性海豚在交配期，会联合同伙抢夺雌海豚，有时候会强迫不情愿的雌海豚进行交配。此外，宽吻海豚还有杀婴行为，雄性会杀死那些不愿与其交配的雌性的幼崽。这是一种繁衍策略，能使雌海豚在失去幼崽的数月内受孕。对宽吻海豚来说，同性交配与异性交配的频率几乎相同。雄性宽吻海豚一般都是双性恋，都会经历同性恋时期[6]。

怀孕后的雌海豚回到自己的雌性群体，和雄海豚不再往来。日后的孩子由雌海豚和自己的姐们或女儿们一起抚养长大。雄海豚不承担抚养孩子的重务。

海豚的声音如同我们人类的指纹，是个体识别的重要标志，每一只海豚都有自己独特的声音。不同家庭的小海豚会在一起玩耍，这时候识别母亲的哨声就显得非常重要。早在临产前的几天，母海豚就会对腹中的胎儿进行胎教。母海豚在临产期，总是独自发出叫声，起初科学家误以为它是在和同伴交流，后来发现附近没有其他海豚。这是让胎儿熟悉自己的声音，传递着类似“我是你妈妈”的意思。可是海豚妈妈对胎儿进行胎教的时候也时常遇到干扰，别的

海豚 朱平芬 摄

海豚的叫声会让胎儿产生混淆。因此，海豚妈妈要反复强化，才让胎儿明确自己的声音。小海豚在出生后还需加以练习，大概一周以后才能区分妈妈和别的海豚的声音。

刚出生的小海豚身长不足 1 米，需要花费几个小时来练习呼吸和游泳。小海豚出生几天后，整个家庭游到更深的水域，这时会有更多的家庭群体加入，组成更大的群体，甚至达到上百只的规模。小海豚跟着妈妈、阿姨、姐姐们一起生活，组成几只到十几只的家庭群体，并且长期保持这种社会结构。这个群体就是小海豚的庇护所，对它前几个月的成长是非常重要的。

小海豚幼年的成长期充满着危险，它们最具威胁的天敌就是——虎鲨。幼年的小海豚必须跟着妈妈寸步不离，一旦离开妈妈的照顾，它们几乎没有生存的可能。此外，其他群体成员也会一起给小海豚保驾护航。

澳大利亚西部的鲨鱼湾是 3 000 多只宽吻海豚的家。每年夏天，数以千计的虎鲨来到这里觅食，宽吻海豚的幼崽性命堪忧。母海豚通过一系列的策略来降低风险：①很多雌海豚选择在鲨鱼到来的高峰期之前繁殖，这能给小海豚几天的时间来练习游泳和平衡呼吸，学会贴紧母海豚来躲避危险。②小海豚刚出生的几天，母海豚紧紧看着它，只在浅海滩处活动，而害怕搁浅的鲨鱼不敢到这里来。③依靠家族的力量来御敌。

即便有鲨鱼够胆敢追小海豚，其他家庭成员也会冲过来挡住。这些家庭成员围成一圈，把鲨鱼包围在中间，然后用嘴去撞击鲨鱼，直到把它赶走。而这时，母海豚就带着小海豚安全撤离了。其他海豚或许会遭受鲨鱼的攻击，在身上留下咬痕（事实上，大概 80%

宽吻海豚

的海豚身上都有鲨鱼咬过的伤痕），但这样的代价是值得的，因为它们救下的是群体中的一条小生命。

海豚是聪明的，鲨鱼也不傻。宽吻海豚每年2～5月交配和产崽。小海豚出生后的几个月都是鲨鱼出没的高峰期，它们算好了海豚繁殖的时间，这样才会有更多的猎物。

小海豚的哺乳期是2～3年，期间它也要逐渐学会自己捕猎。几个月后，群内年长的阿姨、姐姐会教它怎样捕食。这些老师用自己捕到的猎物来给小海豚作示范，重复地放走和抓住小鱼。

雄海豚一般长到4岁时离开这个群体，个别的会待到5～6岁，而雌海豚可以继续留下。

黑颈鹤双亲护子

黑颈鹤（*Grus nigricollis*）是世界上15种鹤中被最晚记录到的一种，由俄国探险家尼古拉·普热瓦尔斯基于1876年在中国青海湖边上最早发现、命名。黑颈鹤属于大型涉禽，体长约120～150厘米，全身灰白色，颈、腿比较长，头顶皮肤血红色，除眼后和眼下方具一小块白色或灰白色斑外，头的其余部分和颈的上部约2/3为黑色，故称黑颈鹤。

新疆的阿尔金山是黑颈鹤的繁殖地之一，每年4月，黑颈鹤由越冬地飞到新疆。来到后，每对鹤要抢占地盘，之后要将上年生的孩子赶走，以便安心繁育新一代。开始，小鹤极不情愿离开父母，大鹤只好用它们的尖嘴攻击小鹤，有时甚至将小鹤啄得头破血流，几经反复，小鹤才被迫离开，和其他遭到同样命运的小鹤一起，过着游荡的生活。待繁殖期过后，它们中部分个体将重新回到父母身边，并一起迁徙到越冬地。

黑颈鹤 马鸣 摄

黑颈鹤雏鸟 马鸣 摄

黑颈鹤夫妇5月开始抢占地盘，它们选择一块水草丰茂、食物丰盛、安全、隐蔽的芦苇沼泽地作为自己的领地，在二人世界里一起觅食、饮水，一起鸣唱、飞翔，共筑爱巢。在阳光灿烂的早晨，它们在一阵热烈、欢快，充满激情的舞蹈之后，默契地进入交配过程。当它们完成交配动作后，随之而来的便是高昂、激越的对鸣，仿佛在昭示天下，它们完成了一个伟大的壮举。伴随着交配的进行，黑颈鹤双方协力完成筑巢任务。巢主要是用芦苇杆做成的，间杂一些草茎、叶等，筑于地面或堆积在浅水上，呈圆形或椭圆形[7]。

一般在筑巢结束后的2～3天，雌鹤产卵。产卵前，雌鹤极度不安，在巢穴周围踱步，并不停地张望或远眺。在无异常情况下，雌鹤步入巢中，用嘴整理巢形，接着伏卧，5～20分钟后，头胸抬起，呈观星状，经几十秒钟产下蛋。下蛋后，雌鹤起立，观察巢中，用嘴钩动蛋，让其转动角度。整个过程中，雄鹤伫立一旁，始终处于警戒状态。第一个蛋产下后，间隔 1 ～ 3 天再产第二个蛋[8]。

亲鸟在 31 ～ 33 天的孵化中，雌雄鹤配合得十分默契。整个过程由双亲共同完成。它们轮流孵卵，雌鹤孵化时间略长于雄鹤。一方孵化时，另一方除采食外，其余大部分时间在警戒，担任护卫任务。

6 月初，雏鹤出壳。这个时候枯草刚刚开始萌芽，寒风料峭。出壳后的雏鹤要在父母的共同关爱下，进行各种行为和语言练习，如行走、觅食、奔跑、飞翔等技能。早成的雏鹤离开了窝，要依靠自己的力量去寻找食物。通常黑颈鹤每年只产 2 枚卵，而最终能成活的一般只有 1 只，四口之家非常罕见。

对于成年的黑颈鹤，它们几乎没有什么天敌，雏鹤就不同了，它们体格相对弱小，没有躲避天敌的经验。在阿尔金山雏鹤的主要天敌有鼬、狐狸、棕熊和各种猛禽。尤其是狼，它们无时无刻不在打探雏鹤的踪迹。日常生活中，遇到小型动物骚扰，黑颈鹤亲鸟会用它们的尖嘴主动进攻，同时用双翅拍打，用双腿跳起后以其锐爪抓拍敌害。即使对付赤手空拳的人，通常情况下它们也能取得胜利。

有些时候，狼装作若无其事的样子，紧盯着草甸上的黑颈鹤雏鸟。附近的亲鸟发现狼的行踪会立即回防，一边低飞，一边发出鸣叫，呼唤配偶。配偶闻讯后立即起飞。危急关头，聪明的雏鹤，会躲在草丛中一动不动。雏鹤身上的保护色和周围的环境非常相似，狼即便走到眼前也很难发现它。如果雏鹤一叫，狼会精准地判断它所在的位置。但是躲起来，狼会寻找一段时间，为亲鸟（幼鸟的父母）的回防争取了时间。亲鸟赶来后，会张开双翅，鸣叫，扑向狼，

飞行中的黑颈鹤 张同 摄

用喙部不断撕咬对方。面对这突如其来的架势，狼并没有退缩，而是张开血盆大口，准备扑向亲鸟。亲鸟振翅一跃，腾空而起，避开了狼的攻击。趁着狼扑空的时候，亲鸟对着它的头又抓又挠。此时，配偶也赶回来参加战斗。雄鹤在前面迎敌，雌鹤在背后袭击。狼无法取胜，便灰头土脸地离开了。

在父母的精心照料下，雏鹤茁壮成长，至 9 月，它们开始练飞，胆子也大了起来，会来到沼泽边缘的荒漠或草地觅食。这时，它们可以换换口味，饱餐一顿蜥蜴、昆虫、小鼠之类的荤食。10 月，鹤群集群，浩浩荡荡开始迁徙。

群居狼优生优育

洞口的狼 荒野新疆追兽组 供图

《暮光之城》在美国掀起了吸血鬼热潮，人们不仅迷上了吸血鬼，也对狼人充满着好奇，那么到底现实生活中的狼是否与《暮光之城》中的雅各布一样热血，一样充满力量呢？它们又有着怎样的行为呢？

狼（*Canis lupus*）的外形和狼狗相似，但吻尖略长，口稍宽阔，耳竖立，尾挺直状下垂；毛色棕灰。栖息范围广，适应性强，凡山地、林区、草原、荒漠、半沙漠，甚至冻原均有狼群生存。中国除台湾、海南以外，各省区均产。狼既耐热，又不畏严寒，夜间活动，嗅觉敏锐，听觉良好，性机警，极善奔跑，常采用穷追方式获得猎物。

主要以鹿类、羚羊、兔等为食，有时亦吃昆虫、野果或盗食猪、羊等。能耐饥，亦可盛饱。

狼是群居性极高的物种，以家庭为单位活动。一般情况下，狼的家庭是由一对繁殖雌雄个体和它们年轻的后代组成。一群狼的数量大约是 5 ～ 12 只，在冬天寒冷的时候最多可到 35 只。它们之间存在等级，在冬天的大群之中，则以一对优势配偶为领导。早在幼狼进行战斗时，等级就已经确立了。身体越强壮，战斗力越强，等级就越高。在狼成长的过程中，等级制度通过不断的争斗和顺从得以强化。能成为头领狼的，必须有着最优秀的基因。

当一对配偶狼离开其父母的类群去营造自己的生活时，一个新的狼群诞生了。随着家系的成长，在雌性和雄性中分别形成线性首领等级系统，而那对家系的奠基配偶至少在一段时间内处于首领地位。这些统治权力主要表现在诸如优先获取食物、良好的栖息地等。但这不是绝对的，任意一只狼的大概半米的范围都是它的“所有权”带，该区域的食物即使地位较高的狼也不会与其争执。争斗一般会在一方的顺从下迅速结束[9]。

但繁殖期是个例外。发情期间，狼到处奔走，活动频繁。雄狼为了争夺交配权而激烈战斗。失败的弱者，多为刚成年者或年老体衰者、瘦弱有病者，它们没有交配的权力。这种战争会导致严重的伤害，在争斗中，狼会形成不同的帮派。头领狼是持续关注的中心，它有更多的机会接近发情期的雌性，但是这种特权也不是绝对的。其他等级较高的雄性也有机会展示它们对雌性的喜爱。但是，等级低的狼是没有这种表白机会的。

反过来，雌狼中也只有等级高的才具有交配权，地位低下的雌

狼 马鸣 摄

狼即使发情，也会遭到高等级雌狼及其随从的攻击，很难自然交配。因此，这些雌性在发情期时，会对最优秀的雄狼暗送秋波——静静地站立并把其尾巴移到身体的一边，表示它们想要交配了。

狼群让最优秀的雄狼和雌狼结合，传递最好的基因，从而达到了“优生”的目的。处于低海拔的狼在 1 月交配，高海拔的则在 4 月交配。雌狼经过 60 ~ 75 天的怀孕期，在地下洞穴中生下 3 ~ 9 只小狼。幼狼出生后，全身裹有胎衣，母狼则会用嘴帮它舔掉，然后再舔舐它的身体，这不但加快了它皮毛的干燥，从而增加其保暖效果，同时也促进了皮肤的血液循环。舔崽行为还可以清除幼崽身上的异味。另外，母狼的唾液还有标记的作用。随后，母狼会舔舐幼崽的尾部及肛门附近，主要是为了刺激其排尿和排便。因此，舔崽行为对提高幼崽的成活率，增强其体质有很大的积极作用，同时对加强母子相互识别和增进母子情感也起着重要的作用。舔崽行为，也是母性行为最为直接一种体现方式。

哺乳期间，雄狼给雌狼带回食物。狼的幼崽出生时，其眼睛与耳朵都未张开，尚不能行走，体温的自我调节能力差，属晚成性动物，需母狼提供营养、温暖与保护。小狼断乳后，雄狼主管小狼的生活，以经过消化液作用过的半消化食物喂养。除此之外，雄狼还负责保护母狼和幼狼。

小狼两周后睁眼，5 ~ 8 周后断奶，然后被带到狼群聚集处。这时，狼群中造起一个育儿所，将小狼集中起来养育，这就是所谓的异亲育幼。育儿所由群中的母狼轮流抚育小狼，它们也心甘情愿地充当保姆，用心照顾。狼群中有非常森严的等级制度，而唯一不需要遵守等级制度的，就是幼狼。在群体中成长的小狼，非但父母对之呵护备至，而且族群的其他分子也会对之爱护有加。幼狼的生活没有制度的约束，因此就算做没礼貌的事情，长辈们也会表示宽容。在进食时，有的成年狼甚至会驱赶其他成年狼，让幼狼优先进食[10-11]。

小狼经历双亲抚育和异亲抚育两个阶段，在这个大家族里茁壮成长。这两个阶段好比人类的家庭教育、学校教育阶段，小狼学会和兄弟姐妹相处，还学习基本的生存技能。随后，到了三四个月大的时候，小狼就可以跟随父母一道去猎食。幼狼 4 ~ 5 个月开始离开洞穴，随大狼猎食。半年后，小狼就学会自己找食物吃了。小狼头几个月生长速度很快，7 ~ 8 个月近似成年狼。

在野外，狼的寿命是 12 ~ 14 年，而狼幼崽的死亡率是非常高的，平均 60% 的幼崽死在一岁前。幼狼成长后，会留在群内照顾弟妹，也可能继承群内优势地位。有的则会迁移出去，这些大多为雄狼。

根田鼠交叉抚育

根田鼠

人类中存在收养行为，一些好心的父母会收养孤儿或者别人家的孩子。其实动物界也存在这种行为，一般称之为交叉抚育。交叉抚育是指出生后离开其遗传父母（亲生父母）而被无亲缘关系的养父母饲育，这非常类似于人类的领养或者收养。

龙生龙，凤生凤，在个体发育早期，母本（动物学中的叫法指母亲）和父本（父亲）的影响是导致个体差异的重要原因。幼崽出生前，母本环境的改变对后代会造成很多的影响，即便后代长大后，其运动和探究行为都会受到影响。那么交叉抚养，会对幼崽造成什么影响呢？我们不妨看看中国科学院西北高原生物研究所的赵新全老师用根田鼠（*Microtus oeconomus*）做的实验[12]。

根田鼠广泛分布于青藏高原高寒草甸地区，由于其社交行为主要依赖于嗅觉、个体小、繁殖快等特点，因此它是研究交叉抚育的理想对象。

首先，在根田鼠幼崽出生后的36小时内，选取出生时间相差不到6小时、无亲缘关系而且胎崽数较为接近的两窝幼崽。同时，还要考虑到幼崽体重无显著差异，胎崽数在4只以上（多余的个体被取出）。如果胎崽数少的话，它们的亲生父母很容易发现异常。交换前先将亲本圈起，然后将2只幼崽（1雄1雌）分别交换到对方饲养箱内。这个时候，要注意用巢材在幼崽身上来回擦数次，让寄养崽可以沾上养父母巢内的气味，减少因陌生个体进入而形成的杀婴行为。最后，在寄养崽被交换2分钟后再将其养父母释放，这样就形成了亲生崽和寄养崽在一起生活的场景。在刚进行交叉抚育实验的前30分钟内，若发现养父母对寄养崽有攻击行为，则立即取出寄养崽，将其亲本圈起，然后移回原巢箱并用巢材在幼崽身上涂抹数次，以避免杀婴行为发生。

这种交叉抚育会带来怎样的影响呢？我们继续往下看。

为了检验交叉抚育对幼崽发育的效应，每5日测定一次寄养崽和亲生崽的体重，直至其70日龄。所有幼崽均在20日龄时断奶，30日龄时雌雄分窝饲养。分别监测雌、雄性亲生和寄养幼崽的体重。

本实验中，尽管交叉抚育经历导致根田鼠幼崽生活环境从有利（熟悉）到不利（陌生）的改变，然而亲子分窝前后雄性亲生与寄养幼崽之间的体重并无显著差异，表明交叉抚育经历对雄性根田鼠早期个体发育没有明显影响，这表明亲本对雄性亲生与寄养幼崽的亲本投资相差不大。

然而，与雄性不同，交叉抚育对雌性寄养幼崽的成长却存在影响。在18和20日龄时，交叉抚育经历导致雌性根田鼠寄养幼崽的体重显著低于亲生幼崽，这表明交叉抚育经历对雌性根田鼠早期发育存在影响，不过这种影响很小。

总体上，根田鼠对待亲生和非亲生的抚育没什么差别。这可能和亲本无法识别亲生崽和寄养崽有关。另外，动物利它行为的存在，也可能会避免亲本对幼体投资的差异。

不过长大后，这些寄养的根田鼠能否认出自己的亲生父母和兄弟姐妹呢?

有关亲属识别的机制已经提出了多种假设，但为大多数科学家所接受的主要有两种：表型匹配和共生熟悉模式，这两种模式都涉及陌生表型与记忆模版的比对。共生熟悉导致动物能够识别过去遭遇的熟悉个体，而表型匹配则通过识别模版的模式化而可以识别不熟悉的亲属。

80 日龄时，交叉抚育的雄性根田鼠对异性同胞的识别机制为共生熟悉模式，即能够识别和自己生活在一块的雌性——妈妈或姐姐，但对亲生父母已经无法识别。不过，交叉抚育的雌性根田鼠的表现截然不同。同为 80 日龄时，交叉抚育的雌鼠它们依旧可以认出亲生父母。成年雌鼠可以以自身气味或记忆中其他亲属的气味为模版，与遭遇个体表型进行比对，如果与记忆中的模版相差甚远，它就将它们均视为陌生个体。这表明雌性根田鼠具有亲属识别能力，其同胞识别的机制可能为共生熟悉和表型匹配两种模式的协同作用[13]。

章鱼孵卵四年半

北太平洋谷蛸

鸟类孵卵很少超过 2 个月，哺乳类怀胎至多 10 个月。然而最近，美国科学家发现，一种生活在深海的章鱼，能花上 4 年半的时间来孵卵，比已知的其他动物孵化或怀胎的时间都长，真是一位耐心的妈妈。在这段时间里，小章鱼在卵中缓慢地发育，而章鱼妈妈几乎不吃不喝，一直守卫着它们，直到它们破壳而出。

这是北太平洋谷蛸（*Graneledone boreopacifica*），章鱼的一种，它附着在海平面以下约 1 400 米的岩礁上。这只雌性章鱼在此处产下若干椭圆形的卵。谷蛸章鱼的卵有着泪滴状的囊泡，其大小似小型的橄榄。当小章鱼在鱼卵内发育时，它们需要大量的氧气。这意味着该雌性章鱼必须持续地将这些鱼卵浸泡在新鲜、含氧的海水中，并让它们不被淤泥或碎屑所覆盖。

因此，章鱼妈妈紧紧依附在邻近谷底岩石的表面保护自己的卵，并对鱼卵的表面进行定时清理，确保自己的宝宝有足够的氧气可以吸收。另外，它还必须警惕掠食动物的靠近，以免卵被吃掉。

随着时间的推移，它的半透明的卵长得更大，可以看到小章鱼在其内发育。但在这个过程中，章鱼妈妈几乎没有吃东西，体重严重下降，表皮也渐渐变得苍白和松弛。不可思议的是，从 2007 年 5 月至 2011 年 9 月，这只章鱼妈妈一直守在原地，寸步不离。53 个月！在目前已知的所有动物中，这是最长的孵育期。更为神奇的是，该雌章鱼从未离开过它的卵，也没有吃过任何东西。它甚至对爬过或游过的小蟹小虾都不感兴趣，只要它们不打扰自己的卵。

由于小章鱼会在其卵内待如此长的时间，当它们孵出时，就已经具备独立生存的能力，可以自由地捕捉小型猎物。实际上，它们比任何其他类型的章鱼或鱿鱼的幼鱼发育得更好。

大多数的浅水章鱼和鱿鱼只能活 1 ~ 2 年，而一般种类的雌性章鱼卵孵化的时候就会死亡，这只章鱼妈妈成为最长寿的头足类动物之一。也许是为了孵育，为了让孩子更好地发育，从而有更好的存活优势，因此章鱼妈妈才有这么长的寿命。

好父亲雄性抚育

动物世界里的慈父是怎样的？它们的慈祥出乎你的意料：除了筑巢卫家、喂养子女，还会教育子女如何变得强大、自立，更有甚者，还能自己生育后代！想要当个慈父，这些动物身上的担子绝对不轻。

一、雄海马怀胎

海马（Hippocampus）因其头部酷似马头而得名，它是一种浅海鱼类，用鳃呼吸，通过背鳍摆动来游泳，隶属海龙目海龙科海马属。海马在全球都有分布，但以热带居多，通常生活在沿海海藻丛生或岸礁多的海区，或附着在漂浮物上随波逐流。海马不仅长相奇特，其行为也很有趣。

海马的求爱方式是雄海马主动还是雌海马主动呢？我们不妨看一个实验：

将许多雌雄海马放在一个水箱中，结果发现只有雄海马在发情时蜷曲尾巴。它们为争夺雌海马甚至不惜大打出手，用头互相撞击对方。那些获得异性青睐成功受孕的雄海马也往往是体格较大的。

雌雄海马相遇，如果感觉彼此来电，就开始谈情说爱，这时它们的体色由黑褐色变为黄色。雄海马尾部下方有一个由两层褶皮连接形成的袋子，叫孵卵袋，在求爱过程中它不时浮出水面，由于摇摆的作用而胀起，并打开裂口，向雌海马发出求爱信号。

在恋爱的几天里，海马成双成对地翩翩起舞，连跳几天求偶舞蹈。

如果雄海马脑袋后扬，尾巴低垂并在水底游动，这表明它要开

海马

始交尾了。雌雄海马交配之前也要表演一番，它们做着旋转木马般的游戏，身体相互触碰，由水下至水上，再由水上至水下。当雌海马的卵成熟后，它们就离开海底藻丛，呈螺旋形地向上游。很快，雌海马将输卵管插入雄海马的孵卵囊中排卵，使卵在那里受精。10 分钟后，数百枚橘红色的卵塞满孵化袋。这时，雌海马的身体明显地苗条下来，雄海马则变得大腹便便。

雄海马便会沉入水底，找块安静的水域照顾它的后代。雄海马体内有一种“泌乳刺激素”（怀孕妇女体内也有这种荷尔蒙），可以分泌乳汁。此外，它的育儿袋为小海马提供了氧气和必需的营养。卵和育儿袋的壁结合在一起，后者就像胎盘，有丰富的血管供应氧气和养料。在卵孵化后，小海马还要继续在爸爸的育儿袋中待上一段时间，靠育儿袋分泌的养料为生。

在此期间，雌海马每天早晨都会来看望丈夫，我们把这一行为称为“清晨问候”。两只海马重温初恋时的浪漫，它们改变身体颜色，互相抚摸对方的尾部，在海草中戏水。大约 6 分钟后，雌海马离去，雄海马则开始寻找食物。在雄海马怀孕期间，雌海马除了每天早晨来探望一次，共舞 6 分钟之外，就不干别的了[14]。

有意思的是，雌海马在丈夫怀孕期间守身如玉，拒绝与其他雄海马发生婚外情。欲知详细的过程，我们还是来看一个实验。

科学家将 6 只雌海马和 12 只雄海马分别放在 6 个水箱中，雌海马与其中一只雄海马交配后，研究人员就将受孕的雄海马取出，观察剩下的 6 对孤男寡女。结果发现它们虽然也有两情相悦的行为，如改变体色、彼此问候以及缠在同一根水草上戏水等，但雌海马始终没有越雷池一步。而在丈夫产子后，有些雌海马则会抛弃旧爱，选择新欢。

受精卵经过 3 周的发育，孵化出小海马。当小海马出生时，它们的爸爸用弯起的尾部缠住海藻，身体前后摆动，孵化袋慢慢张开，依靠肌肉的收缩，使身体一仰一伏，把小海马一只只地挤出来。每批约 1 ~ 20 只。此时的小海马便要远离父母的保护，在海洋中独立生存了。小海马经过 3 个月的时间便可以长成成熟个体。一旦小海马生产出来，雄海马就不再管它们了，而是马上准备再次怀孕。海马的繁殖能力很强，一年可以生产 10 ~ 20 次，每次产几十只到数百只不等。

和其他鱼类相比，海马抚育后代的行为显得尤其特别。大多数鱼类是只管生不管养的，雌鱼排出卵，雄鱼授精，就完成了生育使命，它们对受精卵的命运毫不关心。这些在水中漂荡的鱼卵，绝大多数都将成为其他动物的食物。它们只能是靠增加卵的数量来提高后代生存的机会，有的一次就能产下几百万个卵。雌海马少的一次只制造几个卵，多的也不过制造 1 000 多个，即便如此，卵的重量已经占了其体重的 1/3。雌海马为了制造卵，几乎把能量耗尽了，当不成孕妇，雄海马只好承担孵化的责任。

可惜这种奇妙的动物正在成为濒危物种。威胁它们生存的，除了栖息地的丧失和环境污染，主要是被人类大量捕杀，晒干了做中药。中国传统医学把海马当成治女人难产和为男人壮阳的良药。按《本草纲目》的说法，孕妇临产时把海马烧成粉末吃掉，再手握一只海马，就能保证顺产。现在应该没有人用这么古怪的方法治难产了，但是海马能壮阳的说法却被广为流传。每年世界各地有大约两千万只海马被捕杀，然后卖到中国和其他华人居住地区用来做补肾壮阳的中药。人类文明发展的今天，人们不能为了一己之私，再去残害无辜的生灵。

二、帝企鹅雄鸟孵卵

大多数的哺乳类动物在繁殖后代的过程中所作的贡献只是交配、授精而已。鸟类则不同，很多雄鸟要履行作为父亲应尽的抚养和培育子女的义务，帝企鹅（*Aptenodytes forsteri*）就是其中的典型。

南极冰雪大地，冬季气温降至零下 57℃，凛冽的寒风以每小时 20 千米的速度猛烈横扫南极广袤的冰原。自人类 100 多年前发现南极帝企鹅以来，帝企鹅如何在冰天雪地里繁育后代一直是一个谜。

生活在南极洲的帝企鹅，是世界上 16 种企鹅中块头最大的，也是世界上会潜水的禽类中个头最大的。成年帝企鹅站高达 1 米左

帝企鹅

帝企鹅一年的生活

右，体重约 40 千克，它们在陆地上行走时步履蹒跚、东倒西歪，但却能夹稳正在双脚背上孵化的蛋，并灵巧地跃过冰沟。它们身上长着浓密、紧凑、厚实而重叠的羽毛层，皮下还有厚厚的脂肪层，起着保护体温的作用。帝企鹅可以像海豚似的游泳，时速达 48 千米，在冰雪中卧地滑雪，时速达 30 千米。它们能够一个猛子扎水下 50 米，并在水下待上 23 分钟。当帝企鹅浮出水面时，其血液或肺中的氧气几乎为零。这种氧匮乏在人体中将造成器官损伤并导致昏厥，然而对帝企鹅却没有任何影响。

每年北半球的 3 月（南半球的秋季），帝企鹅游回南极洲冰雪海岸，分群而居，它们是唯一在南极大陆沿岸过冬的鸟类，并在冬季繁殖。帝企鹅属于合作型一雄一雌制，与其他企鹅相反，雌帝企鹅主动向雄鸟求欢。帝企鹅的世界以肥为美，脂肪厚的雄企鹅最受雌性的青睐，是企鹅中的美男子。为争夺这样的美男子，雌企鹅之间常常会你撕我咬，打得不亦乐乎。如有意，雌雄双方将头低垂在胸前或昂起头吐露出喉部肌肉，发出欢快的叫声。它们的叫声各不相同，各有自己的特色，它们全凭叫声辨认配偶和子女[15]。

帝企鹅交配期间不吃任何东西。交配后，雌雄帝企鹅进入“产前静待”期，彼此静静地挨靠在一起，直到雌帝企鹅将卵产下。5月，雌帝企鹅将卵排出体外，之后它们颠倒了传统养育后代的角色。雌帝企鹅产完卵后，马上扑向大海里去觅食，以便恢复因产卵而消瘦的体形。于是孵卵的重担就落在了雄帝企鹅的肩上，确切地说是它的脚上。

雄帝企鹅把卵放在脚面上，用长满羽毛的皮肤——育子囊，覆盖住卵。有孵卵重任在身的雄帝企鹅几百只紧紧挤靠在一起，互相取暖御寒，尽量减少体能的损耗。它们彼此十分友好，互相关照，轮流挤到最暖的群体中心位置暖和一阵。若它们不紧紧挤在一堆，单个在零下 57 ℃ 孵卵的话，其新陈代谢要加快一倍，不吃东西最多只能存活两个月。

在外出觅食两个多月后，等到幼帝企鹅破壳而出的时刻，雌帝企鹅准时返回来。它在南极冬季一片漆黑之中，发出自己特有的寻夫叫声，根据回应，在数千个模样相同的帝企鹅中准确找到配偶。若雌帝企鹅未能在幼崽出世时及时赶回来，忠于职守的丈夫便挑起哺育幼帝企鹅的责任，将嗉囊里富含蛋白质的分泌物喂养幼崽。

等到雌帝企鹅带着大量食物返回来，开始把食物反刍给雏鸟，雄帝企鹅才离开，到海里寻找食物填饱肚子。这就是说，从交配到幼崽孵化出世，雄帝企鹅要绝食 115 天左右，体重几乎减轻了一半。

它之所以能坚持这么久，完全得益于它那身又肥又厚的脂肪储存。如果雄帝企鹅身上的脂肪不够厚实，那它就坚持不了那么长时间，就不得不暂时放弃孵化工作到大海里去补充营养，此时它的那些无人照看的子女们就面临着被其他动物偷吃的危险[16]。

幼崽出世后的 7 个星期里，雌雄帝企鹅轮流担起觅食哺育它的任务，它们轮流外出到好几千米远的地方觅食，将食物藏在嗉囊中，半消化后再吐喂给幼崽吃。帝企鹅雏鸟长到 45 天，个子发育得相当大，父母的育儿袋盛不下了，于是就被送到群体的托儿所照管，其父母则轮换外出觅食，一次去 20 天左右，行程 30 至 1 450 千米不等。帝企鹅雏鸟长到 5 个月大时，它们的父母便离开了，任由它们独闯世界。

参考文献

[1] 赵晓勤，陈立侨，吴维诚，等．鱼类亲代抚育行为的研究进展 [J]. 生命科学，2008, 20(2): 291–294.

[2] 刘博君，张鹏．海南猕猴的母系部落 [J]. 生命世界，2016 (3): 16–23.

[3]Li T, Ren B, Li D, et al. Maternal responses to dead infants in Yunnan snub-nosed monkey (*Rhinopithecus bieti*) in the Baimaxueshan Nature Reserve, Yunnan, China[J]. Primates, 2012, 53(2): 127–132.

[4] 关猛猛．山噪鹛亲本递食策略及雏鸟乞食模式研究 [D]. 兰州大学，2012.

[5]Mariette, M. M., and K. L. Buchanan. Prenatal acoustic communication programs offspring for high posthatching temperatures in a songbird. Science, 2106, 353:812–814.

[6]Urian K W, Duffield D A, Read A J, et al. Seasonality of reproduction in bottlenose dolphins, Tursiops truncatus[J]. Journal of Mammalogy, 1996, 77(2): 394–403.

[7] 吕宗宝，姚建初，廖炎发．黑颈鹤繁殖生态的观察 [J]. 动物学杂志，1980, 1: 19–24.

[8]Wu H, Zha K, Zhang M, et al. Nest site selection by Black-necked Crane *Grus nigricollis* in the Ruoergai Wetland, China[J]. Bird Conservation International, 2009, 19(03): 277–286.

[9] 沈秀清，张洪海．圈养狼育幼期行为初探 [D]. 曲阜师范大学，2006.

[10]Mech L D. *Canis lupus*[J]. Mammalian species, 1974 (37): 1–6.

[11] 高中信，王秀辉，于学伟．狼的集群生活 [J]. 野生动物，1999, 1: 015.

[12] 孙平，赵新全，赵亚军，等．交叉抚育经历对根田鼠体重发育的影响 [J]. 兽类学报，2008, 28(1): 49–55.

[13] 孙平，赵亚军，赵新全，等．基于交叉抚育的雄性根田鼠对异性同胞尿气味的识别 [J]. 动物学研究，2005, 5: 460–466.

[14]Olivotto I, Avella M A, Sampaolesi G, et al. Breeding and rearing the longsnout seahorse *Hippocampus reidi*: rearing and feeding studies[J]. Aquaculture, 2008, 283(1): 92–96.

[15] 谢志国．在奇寒无比的南极——帝企鹅如何巧孵幼仔 [J]. 海洋世界，1994 (5): 9–10.

[16]Lorm é e H, Jouventin P, Chastel O, et al. Endocrine correlates of parental care in an Antarctic winter breeding seabird, the emperor penguin, *Aptenodytes forsteri*[J]. Hormones and behavior, 1999, 35(1): 9–17.

合作利它

蚂蚁 何既白 摄

人类社会中，亲戚间讲究互相扶持，邻里间互相帮助，即便是面对有需求的陌生人，也提倡助人为乐。表面上看帮助他人似乎是人类文明的产物，其实不尽然。生存竞争是生物界的主旋律，不过在它们的生存中同时也存在合作与利它。动物间的合作很好理解，比如合作捕猎、抵御天敌、集群迁徙等。所谓利它行为，是指生物个体以降低自身的适合度为代价，来提高其他个体适合度的行为。适合度是生物个体生存能力、繁殖能力和后代生存能力的综合指标。适合度越大，个体存活和生殖成功的机会就越大。

围绕利它行为，建立了三种解释：亲缘利它、互惠利它、纯粹利它。

亲缘利它一般出现在亲族之间，并且与亲近程度成正比。

也就是说，个体之间的亲缘关系越近，彼此之间的利它倾向就越强。这在社会性昆虫、鸟类、哺乳类乃至人类社会中尤为突出。比如，在蜜蜂群体中，工蜂自己不生育儿女，却全力以赴地喂养兄弟姐妹。虽然工蜂不能把自己的基因直接传递给后代，但是对整个家庭却大有裨益。

互惠利它是指两个无亲缘关系的个体之间通过合作使得双方都得到收益的行为。这种利它行为可以发生在不同种群的个体之间，如海葵与寄居蟹的关系。海葵通过寄居蟹的运动扩大摄食范围，寄居蟹通过海葵的刺细胞防御敌害。当然，互惠利它也可以发生在同种动物之间，比如合作捕猎。

纯粹利它是指一个个体对另一个个体有利，但对自己没有任何好处，如大杜鹃把卵寄生在大苇莺巢中。大苇莺的亲鸟把大杜鹃的幼鸟抚养长大，不仅得不到任何好处，自己的后代还被大杜鹃的幼鸟杀死。

基因像程序一样决定了它的携带者的行为方式，并靠着基因和遗传的稳定性，将这一行为特征传递给下一代。假设一个群体中有一些带有利它基因的个体，利它行为则会使这些个体牺牲或减少自身生存或繁殖的机会，即使这种趋向是微弱的，时间却可以将其后果无穷放大，以致最终群体中利它的基因，在严酷的自然选择下渐渐减少，直至消亡。这一逻辑似乎没有给利它行为留下余地。但是我们仍然可以看到利它行为的存在。这是如何穿过自然选择的剪刀的呢？若不然，又是以什么方式保持和传递其利它行为呢？

群体选择理论认为，遗传进化是在生物种群层次上的实现：当生物个体的利它行为有利于种群利益时，这种行为特征就可能随种群利益的最大化而得以保存和进化。也就是说，自然选择可以在个体层次上起作用。自然选择也可以在群体层次上起作用。最典型的例子是，社会性群体中的一些个体为了群体的利益牺牲自己。其结果是增加了群体的适合度，使群体能够繁殖更多的后代，因而能够被自然所“选择”而保留下来。

亲缘选择理论（又称汉密尔顿法则）认为，利它行为一般出现在亲族之间，并且与近亲程度成正比。因为亲缘关系越近，个体携带的相同基因就越多。利它者能降低自身的适合度，放弃了繁殖后代的机会，为的是让它的亲戚能更好地生存或繁殖出更多与自己有相同基因的后代。这种近缘利它行为有利于在自然选择中，保存这些相同基因并使其得以进化。

合作进化理论认为：当个体和集体的利益部分冲突时，个体采取合作而不是背叛，这是有机体竞争的取胜之道。非亲缘关系个体之间利它行为的动机是期待回报。在动物界中，一个个体之所以冒着降低自己适合度的风险帮助另一个与自己无血缘关系的个体，是因为它可以在日后与受惠者再次相遇时有可能得到回报，以便获益更大。因此，只有建立在相互识别和存在大量相互交换适合度机会的基础上，互惠利它才会产生。因此，互惠利它行为实质上是一种合作。合作也是生物有机体的一种生存策略。

道金斯在《自私的基因》一书中提出，自然选择的基本单位不是物种，也不是种群或群体，而是作为遗传物质的基本单位，即基因。因为群体或种群都随时处在动态的变化中，只有基因是稳定的，并通过“复制”的形式永恒存在。基因的自私性在导致生存竞争的同时，也导致了动物的利它行为。动物的基本目的就是使和它自身相同的基因得到壮大。基因是自私的，所有生命的繁衍、演化都是基因寻求自身的生存和传衍而发生的结果。然而，有些自私基因为了更有效地达到其自私的目的，在某些特殊的情况下，也会滋生出一种有限的利它主义。

对利它行为，每一种理论都有其适用的范围，至于是如何起作用的，只有拭目以待了。

杜鹃寄生大苇莺

巢寄生 吕秀齐 摄

鸟类利用各种手段使其他鸟类来抚养自己的子女，这被称作巢寄生现象，比如大杜鹃（*Cuculus canorus*）自己不筑集、不孵卵、不育雏，而是把自己的卵产在其他鸟类的巢中，由其他鸟类来养育自己的子女。

大杜鹃别名郭公、布谷、喀咕，体长 32 ~ 34 厘米，叫声为两个音节 “布谷”或 “布谷 - 布谷”。它能把卵寄生在包括画眉科、鹟科、莺科、文鸟科、伯劳科等各类雀形目物种的巢中。

大杜鹃在不同地区有着不同的寄主，在新疆地区大苇莺（*Acrocephalus arundinaceus*）成了最合适的“鸟选”。大苇莺，俗称大苇扎，体长约 20 厘米，嘴厚大而端部色深，上体暖褐色，腰及尾上覆羽棕色。头部略尖，眉纹白色或皮黄色，无深色的上眉纹。国内仅在新疆有分布，筑巢于芦苇丛中。

大杜鹃为何会选中大苇莺来为自己孵卵、育雏呢?

第一，在新疆地区大苇莺的巢较多，便于大杜鹃寻找和利用。在新疆，大苇莺的数量约是大杜鹃的 6 倍，利用大苇莺巢比较便利。

第二，大苇莺和大杜鹃都是食虫鸟，食性一致。这样一来，把孩子托付给大苇莺抚养，就不怕自己的孩子吃不饱或吃不好了。

再次，两者的交配期、孵化期、育雏期，重合度极高。

最后一点也是最关键的一点是：大苇莺是个“脸盲症患者”，对卵和幼鸟的识别能力极差，经常连自己的孩子都不认得！可怜的大苇莺会把大杜鹃的卵当作自己孵化的，把大杜鹃的幼鸟当作自己的亲生孩子来抚养！

以上种种情况给了大杜鹃可乘之机。一场悲剧正在上演！

每年 5 月中旬大苇莺迁到新疆后，便开始选择配偶，占领巢区，在 5 月下旬到 6 月下旬进行交尾并筑巢垒窝。而大杜鹃亦在这一时期进行交尾，但交尾后雌雄大杜鹃并不在一起。之后，大杜鹃就开始了耐心的等待。

交配之后，大苇莺夫妇均参与筑巢活动，巢筑在密蒲、芦苇、柳丛上。这段时期常见大杜鹃雌鸟高踞于树梢枝头，观望大苇莺的活动，时而站立不动，时而突然起飞，在大苇莺筑巢的 6 ~ 8 天内，大杜鹃常从枝头飞到巢位附近的低矮树上伸颈探头观望巢址、认定巢位，就像小偷要踩点一样，这时常常可以见到大苇莺在巢区上空奋力驱赶大杜鹃的情形。

大苇莺 邢睿（西锐）摄

大苇莺将巢筑好后，便开始产卵。

在 6 月上旬至 7 月中旬，大杜鹃的机会终于来了！这时，大杜鹃的雌鸟频繁活动于大苇莺巢的上空，低飞俯视巢位。通常大杜鹃会在大苇莺产下 1 ~ 2 枚卵后，才在巢中产下自己的卵。这也是有预谋的，因为如果往大苇莺空巢内产卵的话，卵会被直接踢出。此外，聪明的大杜鹃在每个大苇莺巢中只产下一枚卵，将多个卵产到不同的巢中，一来可以提高幼鸟的成活率；二来把蛋放到不同的篮子中，可以最大程度地规避风险。

大杜鹃更绝的地方在于它会根据宿主的差异，产下斑点、颜色不同的卵，以便和不同的宿主进行匹配。在长期的适应选择中，大

大杜鹃 邢睿（西锐）摄

杜鹃卵的大小、颜色、卵斑等特征都与大苇莺相似。而大苇莺又没有严格分辨的能力，也就只好一同孵化。而它们的孵化期也基本相同， 11 ~ 13 天后两种雏鸟都相继出壳。

悲剧开始产生了。大杜鹃雏鸟孵出的第三天，两眼还未睁开，全身羽毛尚未长出，两腿还不能站立，便在巢中不断地滚动身体，把它身体接触到的大苇莺雏鸟一个个挤到巢边，然后一个一个地推出巢外，而自己则独享养父、养母的抚育。此外，大杜鹃雏鸟为了获得更多的食物，会大声尖叫以引起养父母注意。为了不招来捕猎者，养父母会把食物喂给叫声最大的大杜鹃雏鸟。

到后来，养父养母个体往往比大杜鹃雏鸟还小，形成“以小饲大”

的奇特画面。可怜之鸟必有可恨之处！大苇莺面对雏鸟竟然不能辨认，每天不辞劳苦地衔食喂雏。经过二十多天的抚育，大杜鹃雏鸟一经长大，离巢后便单独飞活动，自由觅食，再也不向养父、养母靠拢。等到迁徙期，长大的大杜鹃便随着亲生父母一起飞走。

大杜鹃为什么要在其他鸟类的巢中寄生呢？为什么这么多鸟心甘情愿地替大杜鹃孵卵和育雏？

关于大杜鹃寄生行为的进化有三种解释：一是，大部分的食虫晚成鸟都是夫妻生活，共同筑巢育雏，而杜鹃类却是杂配，交配后雌雄即分离，雄鸟不负养育之责，雌鸟自身又负担不了，只能如此行事；二是，将卵分散于多个巢中产卵，避免了一巢多卵在遇到危险时的毁灭性灾难，提高了雏鸟的成活率；第三种解释是，减少孵化后代的能量消耗，使亲鸟更好地生存和繁殖。

反过来似乎不容易理解，作为宿主鸟，像大苇莺、棕尾伯劳，为什么会代育雏鸟？

如果杜鹃在它尚未产卵的巢中寄卵，大苇莺会毫不犹豫地将其推出巢外，但当产了 1 枚或 2 枚卵后再有卵寄入，就识别不出。尤其是杜鹃幼雏孵出后将自己的亲生子女推出巢外，竟熟视无睹。甚至到了杜鹃雏鸟长得比自己都大的时候，还是识别不出来，还辛勤地喂养这些忘恩负义的家伙。这又是为什么呢？

有人认为，虽然代人孵卵而牺牲自己的子女，对宿主造成了损失，但这种牺牲对种群发展而言是微不足道的。被大杜鹃寄生的鸟类都是当地的优势种或常见种，且并不是所有的寄主都被大杜鹃寄生，比如鹨类仅占 2.7%、芦莺占 5.5%，如果都给大杜鹃寄生的话，它们自己的家族就可能逐渐消亡[1]。大杜鹃在繁殖期间故意大声鸣叫，这样可把周围及远处的天敌都诱离众鸟的繁殖区，而大杜鹃借用自身单调灰褐色的羽毛作为掩护，使天敌很难找到它。它的鸣叫是为了引诱天敌而保护众鸟繁殖，而寄主鸟种群从中获得了足够的好处[2-4]。这种“鸟类共生”说法是否合理，还有待鸟类学家们进一步验证探索。

其实，寄生并非杜鹃的专利，许多鸟类都有这样的行为，如在椋鸟属中可达 5% ~ 46%，在雁鸭类中，寄生可超过 50%。寄生行为虽然十分残忍恶毒，但也是大自然的生存法则之一。

除了大杜鹃外，杜鹃家族中其他成员也惯用此道，下面，就看看这些杜鹃家族的成员们。

四声杜鹃（*Cuculus micropterus*），以“割麦割谷”或“光棍好苦”的叫声而闻名，通常将卵产于大苇莺、灰喜鹊、黑卷尾、黑喉石䳭等鸟巢中。四声杜鹃巢寄生于大卷尾。

八声杜鹃（*Cacomantis merulinus*），俗名八声喀咕、哀鹃、八声悲鹃、雨鹃，体长约 21 厘米。主要分布在印度东部、中国南部、苏拉威西及菲律宾等地。

鹰鹃（*Cuculus sparverioides*），俗名大鹰鹃、子规、鹰头杜鹃。分布于东南亚地区、印度尼西亚和中国等地，因独特的“贵－贵－阳”的叫声，故俗称为贵贵阳、米贵阳、阳雀等。体长 35.3 ~ 41.5 厘米，外形似鸽但稍细长，因羽色极似苍鹰而得名。寄生喜鹊、鹛类、鸫类、鸲类等鸟类巢中产卵。

小杜鹃（*Cuculus poliocephalus*），体长约 26 厘米，生活习性似大杜鹃，主要分布于喜马拉雅山脉至印度、中国中部及日本；越冬在非洲、印度南部及缅甸。小杜鹃巢寄生于莺科和伯劳科的鸟类。

锈胸杜鹃（*Cacomantis sepulcralis*），分布于印度尼西亚、马来西亚、菲律宾、新加坡、泰国。自然栖息地为热带或亚热带潮湿低地森林。锈胸杜鹃巢寄生于莺类和伯劳类。

斑翅凤头鹃（*Clamator jacobinus*），在宿主巢中产卵极快，仅仅 0.5 秒！大斑翅凤头鹃巢寄生于喜鹊。

噪鹃（*Eudynamys scolopaceus*），俗名嫂鸟、鬼郭公、哥好雀、婆好。借乌鸦、卷尾及黄鹂的巢产卵。活动于居民点附近树木茂盛的地方，从山地的大森林至丘陵以及村边的疏林都有踪迹，但习性隐蔽，难得一见。叫声独特。体长 39 ~ 46 厘米。雄鸟通体蓝黑色，具蓝色光泽，下体沾绿，雌鸟上体暗褐色，略具金属绿色光泽，并满布整齐的白色小斑点，分布于南亚、东南亚、南太平洋诸岛和中国。噪鹃巢寄生于红嘴蓝鹊。

阿姨照看小婴猴

阿姨行为 朱平芬 摄

在群居灵长类中，猴群里的婴猴备受关照，除了母亲外，群内其他雌性成员也会给予照顾。这种除了母亲以外家庭中其他雌性成员对新生猴的照顾行为叫阿姨行为。阿姨行为广泛出现在群居性灵长类中，已经在近 1/3 灵长类中发现这种行为。不同的灵长类阿姨行为表现程度不同，即使在同一物种中，阿姨行为的发生也不是随机的，通常会受到幼崽年龄、母亲等级、亲缘关系、生育经验等各种因素的影响。

照顾别人的孩子是一种成本较高的行为，阿姨需要对婴猴投入大量的时间和精力。即便是亲姐妹的孩子，也要好好掂量掂量。但是从进化角度看，若阿姨行为只是高投入的，没有相应的回报，则这种行为将不可能出现或者会被淘汰。因此，看似高投入的阿姨行为其实是有回报的。

我们以滇金丝猴为例，看看阿姨行为的投资与回报[5]。

滇金丝猴家庭内雌性个体间的容忍度较高，阿姨们对婴猴没有威胁，婴猴母亲也接受阿姨对婴猴的照料。我们在滇金丝猴群中发现，3 个家庭婴猴出生后的第一天就有阿姨进行照料，婴猴母亲（母猴）也默许阿姨对孩子的照料。但是阿姨行为也是有时间限定的，随着婴猴渐渐长大，阿姨行为也慢慢减少。在 3 个家庭中，婴猴所接受的阿姨行为主要集中在 1 月龄，在 2 月龄时明显下降，随婴猴的月龄增加而减少。

不过，阿姨行为也会遭遇尴尬，有时会变成绑架行为，引发阿姨与母猴之间的冲突。阿姨偶尔也会好心办坏事。有时，婴猴刚被阿姨抱走，小猴就哭着叫着找妈妈了。这一哭闹，阿姨行为就变成绑架行为了。婴猴的妈妈看到自己的孩子哭闹，想当然地就以为它受到欺负了，因此会一把夺过孩子，同时对阿姨吼叫以示不满。阿姨也无辜，它只是内心充满了母爱才会想要照顾婴猴的。而婴猴的母亲在取回孩子时，有时还会遭到非母亲个体的阻挠。

阿姨在照料婴猴时，会付出额外的时间和精力，如果没有在其中得到能够补偿这些消耗的收益，那么阿姨行为将不会发生。关于阿姨行为的动机，有很多相关的假说试图对其进行解释。

母亲压力缓解假说认为，非母亲个体（阿姨、姐姐或外婆）的照料可以提高母亲的育幼效率和幼崽成活率，因为不需要照顾婴猴时，母亲可以花费更长的时间来取食，取食效率也会提高。可以据

两只婴猴 朱平芬 摄

此推测，阿姨行为主要发生在母亲取食期间，而母亲对阿姨行为的态度应该非常宽容，甚至母亲可能会主动将婴猴交给其他个体照料。在低地大猩猩中，婴猴母亲会把自己初生幼崽多次放置在自己的母亲面前，请求幼崽的外婆帮助照料。让外婆来照料孩子，婴猴的母亲就方便去取食。

然而，我们在对滇金丝猴的观察中发现，大部分的阿姨行为并非发生在母猴取食期间，而是发生在母亲休息时。在母猴休息期间，婴猴可以稳定地获得乳汁，保证体温及获得休息，这时抱走婴猴对母亲的帮助价值较小，甚至可能会导致婴猴哺乳时间不足，而对其生存造成损害。随着婴猴年龄的增长，其独立生存能力逐渐增强，母猴取食时婴猴可以独立活动，不会造成妨碍。在这个阶段，阿姨行为对母猴依旧起不到帮助作用。从滇金丝猴阿姨行为的特点和母亲对阿姨行为的态度可知，非母亲个体发出的阿姨行为对母亲起不到缓解压力的作用。

学习育幼假说认为，非母亲个体照料婴猴是为了获得育幼经验。根据这个假说，只有没有育幼经验的个体才会对婴猴产生兴趣，已经生育过的成年雌猴将不会发起阿姨行为。滇金丝猴的行为部分符合学习育幼假说。阿姨行为多出现在快要成年的雌性与新生儿之间，这些可能明年就要当新妈妈的雌性，会在生育前抓紧机会，把别人的小猴拽来抱一抱，试试要怎么带着小猴行走或给小猴理理毛，找找当妈妈的感觉。这些在第一次生产前的阿姨行为，都是它们宝贵的产前育幼经历，这样的经验越多，当它们面对自己的第一个新生儿时，也就越从容。从长远的角度来讲，这样做可以提高它们初产新生儿的存活率。另外一些热衷发起阿姨行为的个体可能是因为“馋孩子”。与母猴越是亲近的雌性个体，它们对新生儿发起阿姨行为的可能性越高。比如对一个新生儿来说，它即将成年的姐姐、大小姨（妈妈的姐妹）或姥姥，这些个体最有可能对它发起阿姨行为。

但在雌性个体中，不仅仅是未生育的亚成年个体对婴猴发起阿姨行为，已经生育过的成年雌猴也会发起阿姨行为，甚至当年有孩子的雌猴，还会对其他个体的婴猴进行照料。由此看，这又不符合学习育幼假说。

繁殖竞争假说认为，阿姨行为是一种竞争行为，非母亲个体不是真的在照顾别人的孩子，而是一个“心机婊”，通过表面的照顾，妨碍幼崽哺乳，降低其成活率。在滇金丝猴中，没有发现这种情况。由于滇金丝猴特殊的社会结构，阿姨行为只在家庭内部发生。家庭内部的个体对婴猴非常友好，在婴猴受到攻击时还会提供保护。由此可见，阿姨行为并非繁殖竞争的表现。

非适应性假说认为，非母亲个体对婴猴的照料并没有特殊的功能和适应性价值，而只是母亲行为的一个副产品。我们的观察支持这一假说。

滇金丝猴的幼崽与成年个体的毛色有着显著差异，随着年龄的增长，毛色逐渐变成少年猴的颜色，而后与成年猴体色相近。而滇金丝猴的阿姨行为在 1 月龄时最高，随着婴猴年龄的增长而显著减少，符合该假说。尤其是当年生育婴猴的母亲也会对其他婴猴产生兴趣，并进行携带，也证实了初生婴猴对所有雌性个体的吸引力，而并非针对未生育的没有经验的雌性个体，或者等级地位较低的个体等。已经生育幼崽的母亲之所以表现出的阿姨行为频率很低，可能是因为母亲对婴猴的接触意愿已经能在照料自己的婴猴中满足，而并不需要去照料其他个体的幼崽。但当母亲失去了自己的幼崽时，就可能会表现出对其他婴猴的强烈兴趣。

牛椋鸟尾随犀牛

犀鸟和犀牛有关系吗？一般人单看名字，就想当然了。其实，它们两者并没有什么关系。和犀牛有互助关系的，是牛椋鸟，学名红嘴牛椋鸟（*Buphagus erythrorhynchus*）。红嘴牛椋鸟属于雀形目椋鸟科牛椋鸟属动物，产于非洲，共有两个亚种，分别是黄嘴牛椋鸟 (*B. africanus*) 和红嘴牛椋鸟。在东非肯尼亚或者坦桑尼亚的大草原上，经常可以看到红嘴牛椋鸟大胆地骑在犀牛的背上，一点也不惧怕牛气哄哄的犀牛。

一头犀牛足有好几吨重，皮坚肉厚，头部长有碗口般粗的长角。这样粗暴的家伙，怎么成了红嘴牛椋鸟的知心朋友了呢?

原来，犀牛的皮肤虽然粗厚，可是皮肤皱褶之间却又嫩又薄，一些体外寄生虫和吸血的蚊虫便趁虚而入，从这里吸食犀牛的血液。犀牛又痒又痛，可除了往自己身上涂泥防御这些昆虫的叮咬外，再没有别的办法来赶走、消灭这些讨厌的害虫。

而红嘴牛椋鸟正是捕虫的好手，它们专以蚊虫和寄生虫为食，成群地落在犀牛背上，不断地啄食那些企图吸犀牛血的害虫。犀牛感到浑身舒服，自然很欢迎这些小伙伴们来帮忙。

除了帮助犀牛驱虫外，红嘴牛椋鸟对犀牛还有一种特别的贡献。犀牛虽然嗅觉和听觉很灵，可视觉却非常不好，是近视眼。若有敌人逆风悄悄地前来偷袭，它就很难察觉到。这时候，它忠实的朋友——红嘴牛椋鸟就会飞上飞下，叫个不停，提醒它注意，犀牛就会意识到危险来临，及时采取防范措施。

牛椋鸟和犀牛 林端工作室 绘

犀牛 林端工作室 绘

除了犀牛外，红嘴牛椋鸟也栖息在其他常见食草动物身上，比如斑马、水牛、大羚羊、黑斑蹬羚、河马、长颈鹿、大象等，在它们身上来回飞翔攀爬，寻找它们身体里的食物。而对这些食草动物来说，还巴不得找人清理身上的虱子、苍蝇，所以非常欢迎这些清洁工。

然而，红嘴牛椋鸟还有不为人知的一面。在这善良行为的背后，红嘴牛椋鸟隐藏着一丝血腥和狡诈，它们在做着清创护理工作的同时，也会毫不留情地吸食犀牛等食草动物的血，甚至到了嗜血成性、手段残忍的地步。

它们一旦找到了食草动物的小小伤口，就绝不会错过，这个时候本来扁平的用作梳理的喙，就变成了锋利的割刀，它们会把伤口慢慢扩大，直接吸食血液。而且这些伤口一般都不容易结痂，这样，好几天红嘴牛椋鸟都会有新鲜血液吃。此外，这些伤口还会滋生更多吸血虱子和寄生虫，成为牛椋鸟的长期饭票。

看似可爱的红黄眼睛背后，原来竟然有着如同吸血鬼般的残忍，这便是它们的生存策略。

螳螂杀夫不可信

在一些昆虫和蜘蛛中，存在一种极端自私的利它行为。比如，一些雌蜘蛛和雌螳螂，在交配之后会残忍地将自己的“夫君”吃掉。作为雄蜘蛛和雄螳螂“明知山有虎，偏向虎山行”。因为雄性的付出，可以让“新婚夫人”更好地补充能量，产下后代，如果是这样，那么雄螳螂的牺牲对于种群的延续也算作出了贡献。然而真实的情况却复杂得多。

自然界中动物的交配，大多是为了传承后代，具有一定的规律性。交配完后有的各奔东西，有的则相守与共。可是有些动物却要为此付出代价。且看下面的场景：

一只小巧的雄螳螂趴在一只硕大的雌螳螂背上进行交配。顷刻，雌螳螂突然转头一口咬住背上的雄螳螂，两只前腿像大刀一样紧紧地抱住雄螳螂的身子。咔擦一声，雄螳螂的脑袋被雌螳螂咬断。紧接着，雌螳螂将整个雄螳螂撕吞。在这期间，雄螳螂虽有一些无畏的挣扎，但面对雌螳螂庞大的身躯和有力的前腿，却心有余而力不足，只能任其宰割，这便是经典的雌螳螂交配食夫现象。

然而在自然界中，这种情况出现的概率很低。绝大多数螳螂都没有在交配中发现“食夫”现象。雌螳螂交配食夫现象多出现在实验的条件下。在 1984 年，两名科学家里斯克（E.Liske）和戴维斯（W.J.Davis）在实验室里观察大刀螳螂交尾。他们事先把螳螂喂饱吃足，把灯光调暗，而且让螳螂自得其乐。人不在一边观看，改用摄像机记录。结果：在三十场交配中，没有一场出现食夫现象。

云芝虹螳 王瑞拍 摄

相反地，他们首次记录了螳螂复杂的求偶仪式，雌雄双方翩翩起舞，整个过程短的只有十分钟，长的则达两个小时。里斯克和戴维斯认为，以前人们之所以频频在实验室观察到螳螂食夫，原因之一是在直接观察的条件下，失去隐私的螳螂没有机会举行求偶仪式，而这个仪式能消除雌螳螂的恶意，并确保雄螳螂的安全。另一个原因可能是在实验室喂养的螳螂经常处于饥饿状态，雌螳螂饥不择食，把丈夫当美味。

为了证明这个原因，里斯克和戴维斯在 1987 年又做了一系列实验。他们发现，那些处于高度饥饿状态下（已被饿了 5 ~ 11 天）的雌螳螂一见雄螳螂就会扑上去抓来吃，根本无心交配。处于中度饥饿状态下（饿了 3 ~ 5 天）的雌螳螂会进行交配，会在交配过程

薄翅螳螂 王瑞拍 摄

中或在交配之后，试图吃掉配偶。而那些没有饿着肚子的雌螳螂则并不想吃配偶。可见雌螳螂食夫的主要动机还是因为肚子饿。

在野外，雌螳螂并不是总能吃饱肚子。那么，交配后食夫现象还是有可能出现的。在 1992 年，劳伦斯（S.E.Lawrence）在葡萄牙对欧洲螳螂的交配行为进行大规模的野外研究。在他观察到的螳螂交配现象中，大约 31% 的雌螳螂有吃夫行为。在野外，雌螳螂大多处于中度饥饿状态。因此，交配后吃掉雄螳螂，及时补充能量，对后代的繁育大有裨益。1988 年的一项研究表明，那些吃掉了配偶的雌螳螂，其后代数目比没有吃掉配偶的多 20%。在螳螂中，中国大刀螳螂（*Tenoderaaridifolia sinensis*）和薄翅螳螂（欧洲螳螂）(*Mantis religiosa*) 发生的吃夫现象可能比其他螳螂更加普遍。

另外，其他一些昆虫，诸如蟋蟀、蚱蜢、蚊狮等也有类似的现象，等到交配完毕之后才将配偶吃掉。反过来，雄螳螂也并不会心甘情愿地被雌螳螂吃掉。在螳螂交配之前，成熟的雌螳螂会从腹部的腺体释放信息素来吸引雄性前来交配。寻觅到雌性的信号，雄螳螂会慢慢靠近，等时机成熟的时候再从后方跳到雌性背上交配。交配完之后雄螳螂就溜之大吉了。如果雌性不在状态可能会攻击雄性，运气不好，没能逃走的雄螳螂才会被吃掉。

丑鱼与海葵共生

还记得动画片《海底总动员》吗？里面中的主人公尼莫就是一条小丑鱼。小丑鱼是鲈形目雀鲷科双锯鱼属鱼类的统称，因颜色红白相间，颇似马戏团小丑的脸妆，故被称为小丑鱼。

小丑鱼

实际上小丑鱼不仅不丑，还因为其艳丽的体色，过于醒目，引起天敌的注意，常给自己带来杀身之祸。而小丑鱼偏偏体形娇小，防御能力极差，处在海洋食物链的末端，不仅是大鱼们的食物，就连一些小型食肉鱼类，也把它们当作追逐的猎物。为了能在海洋中生存下去，小丑鱼需要寻找一个靠山，借此庇护，以躲避天敌的袭击。这时，海洋里生活的海葵引起了小丑鱼的注意。

海葵看上去如同海底盛开的花朵，其实它是一种动物，属无脊椎动物中的腔肠动物，广泛生活在浅海的珊瑚、岩石之间，多为肉红色、紫色、浅褐色。神奇的是，海葵移动缓慢，弱不禁风，看似花瓶，可是很多凶猛的动物都躲着它们。原来在海葵的触手中含有有毒的刺细胞，只要触碰就会被刺得难以忍受，这使得很多海洋动物不敢接近。为了生存，小丑鱼反其道而行，它主动躲进海葵丛中。难道它不怕被刺吗？

开始的时候，小丑鱼也会被刺得遍体鳞伤。经过不断地适应性进化，小丑鱼为了避开海葵的刺，会先沾染海葵刺细胞里的一种物质，这种保护物质是海葵为了保护自己被误伤而分泌的。此外，小丑鱼身体表面拥有特殊的体表黏液，也可保护自己不受海葵刺伤，从而安全地生活于其间。

天下没有免费的午餐，小丑鱼既然受到海葵的保护，就必须向其交保护费。由于行动缓慢，难以取食，海葵经常饿肚子。经过世代的进化，小丑鱼与海葵形成互利共生。所谓的互利共生是指两种生物生活在一起，彼此有利，两者分开以后双方的生活都要受到很大影响，甚至因不能生活而死亡。当小丑鱼遇到危险时，会躲进海葵的身体里，以躲避天敌。同时海葵吃剩的食物也可供给小丑鱼。小丑鱼也可以借着身体在海葵触手间的摩擦，除去身体上的寄生虫或霉菌等。对海葵而言，它们可借着小丑鱼自由进出的机会，引诱其他鱼类靠近，借机捕食。而小丑鱼亦可除去海葵的坏死组织及寄生虫，减少沉淀于海葵丛中的残屑。

它们的亲密程度不仅如此，就连生儿育女，都在一起。小丑鱼在海葵的触手中产卵，孵化后，幼鱼生活一段时间，才开始选择适合它们生长的海葵群。值得注意的是，小丑鱼并不能生活在每一种海葵中，经过长期适应后，才能共同生活。通常一对雌雄小丑鱼会占据一个海葵，阻止其他同类进入。如果是一个大型海葵，它们也会允许其他一些幼鱼加入进来。在这样一个大家庭里，体格最强壮的雌鱼及其配偶占主导地位，其他雄鱼和尚未显现特征的幼鱼处于从属地位。最强壮的雌鱼会追逐、压迫其他成员，让它们只能在周边的角落里活动。如果当家的雌鱼意外消失了，群中的一只雄鱼会在几星期内具有雌性的生理机能，然后再花更长的时间来改变外部特征，如体形和颜色，最后完全转变为雌鱼。

小丑鱼 赵序茅 摄

小丑鱼与海葵是动物界合作的典范。然而，并不是所有的海葵都会与小丑鱼共生。除了小丑鱼可以与海葵互利共生外，其他鱼类也会短暂地与海葵共生，例如，雀鲷科的三斑圆雀鲷在幼鱼时，就会成群躲在海葵的触手附近。另外有数种虾虎鱼等也都会栖息在海葵上。除了鱼类之外，还有许多种无脊椎动物也会居住在海葵身上，例如甲壳类的短腕岩虾（*Periclimenes brevicarpalis*）和红斑新岩瓷蟹（*Neopetrolisthes ohshimai*）。

大象田鼠救同伴

亚洲象 陈建伟 摄

无论身处非洲还是亚洲，长期以来大象都被认为是感性动物。它们会帮助陷入泥坑的大象宝宝，用鼻子把受伤或垂死的同伴拉到安全地带，甚至可以用鼻子给对方温柔触摸。

但是要见证大象具备类似安慰行为却很困难，而如今恰恰有人证明了大象具备这样的能力。

亚洲象（*Elephas maximus*）和非洲草原象（*Loxodonta africanna*）最基本的区别，就是非洲象无论是雌性还是雄性都有象牙，而亚洲象只有雄性拥有象牙。另一区别就是耳朵的形状和大小，非洲象的耳朵是亚洲象的两倍。当大象生气或受惊时，耳朵就向前展开以表达情绪。在炎热的天气里，大象就会不停地扇动耳朵来降温。

现在的研究已经表明，亚洲象在看到其他同类有麻烦时，它们自己也会感到很沮丧，这时它们会伸出援手安慰对方——就像人类看到他人深受折磨施以安慰一样。

科学家们花费 1 年时间观察位于泰国北部某个营地里 26 头被捕获的亚洲大象。研究人员记录了其中一头大象痛苦或者害怕时的情景，例如被草丛里的蛇、路过的狗或者另一头不友好的大象吓到或伤害时，临近的大象会走过来，用它的象牙温柔地触摸它那忐忑不安的同伴，或者将它的象牙放入同伴的嘴里。亚洲大象会用自己的象牙和声音安抚悲伤的同伴，就像人类抚慰婴儿一样。

“象牙放入嘴里”的姿势相当于人类的握手或拥抱。这可能发送了一个信号，即“我是来帮助你的，不会伤害你的”。前来支援的大象还往往会发出较高的鸣叫声[9]。这可能是类似于成年人安慰婴儿。

此外，大象还会对组里成员发出的悲伤信号作出回应，通过展示相似的情绪信号——类似于某种移情性，临近的大象很可能会聚集在一起发生身体接触。

大象存在强大的社会纽带关系，因此观测到它们会为彼此担心也不足为奇。当大象看到同类陷入悲伤时，自己也会变得悲伤，会伸出援助之手安慰对方，这和黑猩猩或者人类拥抱心烦意乱的朋友的做法并无太大的差异。

安慰行为的关键是移情性——设身处地地体会对方感受的能

力。这要求非常复杂的思考，这就是为什么这种行为在动物界里非常罕见。

不仅大象，小小草原田鼠也像人类一样能安慰焦虑的伴侣，你信吗?

美国埃默里大学的研究人员对草原田鼠的移情行为作了研究，看看老鼠是否能和人类一样拥有同理心。之所以选择草原田鼠试验，是因为它们是一夫一妻制的动物，一起抚养下一代。预知详细的过程，我们一起看下面的实验。

把草原田鼠的亲属及它们认识的田鼠暂时相互隔离，而它们中有一个接触了轻微的电击。与被隔开但没有受到电击的相比，当电击组田鼠重聚时，没有受到电击的草原田鼠会很快地舔舐受到电击的田鼠，而且为时较长。激素水平检测显示，受到电击田鼠的亲朋在无法安慰被电击的田鼠时会感到苦恼。安慰行为仅发生在那些相互熟悉的田鼠间，不会发生在陌生的田鼠间。

为了进一步测试激素在其中起到的作用，研究人员阻断草原田鼠的催产素，再做同样的实验。结果显示，阻断催产素后，它们不再安慰受刺激的亲属。催产素被称为爱情激素，与同情心和母性相关。由于催产素受体在体内与移情相关，阻断催产素的作用不会使田鼠的亲朋改变它们自我梳理的行为，然而它们却不再会有相互安慰的行为。这些实验对移情机制以及由移情激发的复杂行为的演变有了新的了解。

这项研究再次证实，感受其他个体的痛苦、采取行动以减轻其他个体的压力，并不是人类独有的特质。

吸血蝠分享食物

吸血蝙蝠

吸血蝙蝠，顾名思义就是以血为食的蝙蝠。全世界仅以血为食的蝙蝠共有 3 种，分别是普通吸血蝠（*Desmodus rotundus*）、毛腿吸血蝠（*Diphylla ecaudata*）和白翼吸血蝠（*Diaemus youngi*）。这 3 种蝙蝠均原产于美洲，它们的吸血之旅遍布墨西哥、巴西、智利和阿根廷。经过数千年的进化，蝙蝠几乎已经丧失了在地面上行走的能力，但吸血蝙蝠是个例外，它们能在地面上前行、斜行、倒退、跳跃。

吸血蝙蝠只有在天黑后才出去觅食，其嗅觉非常发达，又有独特的“雷达探测系统”，可发出特殊的超声波，用以捕捉周围猎物。它们往往寻找熟睡的受害者，一旦探测到目标，旋即飞落在猎物的身旁，然后悄悄地爬到猎物身上，神不知鬼不觉。吸血蝙蝠的牙齿小而尖，熟睡者即使被咬到，也丝毫感觉不到。更绝的是它们的唾液中含有一种奇特的化学物质，能够防止血液凝固，使其能顺利地吃个饱。吸血蝙蝠非常贪婪，吸血总是不厌其多，每次大约可吸血50克，相当于体重的一半，有时甚至多达200克，相当于体重的一倍，如此却照样能起飞，是地地道道的“吸血鬼”。这种惊人的进食行为要归功于吸血蝙蝠的胃和肾能迅速除去血浆，在吸血完成之前，它们通常已开始排泄。进食两分钟之内，普通吸血蝙蝠便开始排尿。

即便吸血蝙蝠如此厉害，它们也无法保证每次外出捕猎，都能有所斩获。吸血蝙蝠是群居动物，夜晚一起外出靠吸其他动物的血为生，而种群中总有一部分个体在觅食期间吸不到血，如果连续两天都吸不到血，它们就有可能因饥饿死亡。那怎么办呢?

在白天，这些晚上没有吸到血的蝙蝠就可以向吸饱血的同伴讨血喝。吸血蝙蝠奉行利它主义，可以与同伴分享食物。表面上看，供血蝙蝠把本来用于自己生存或者自己后代生存的食物，无偿地让给了受血蝙蝠，使它增加了生存机会; 供血蝙蝠只是付出，没有回报，这种行为在进化上是不稳定的。因为长此以往，受血者拥有的资源较多，存活时间较长，把自己的基因传递给下一代的机会也就较多。那么，供血者就有可能因为丧失资源而最终被受血者所淘汰。世界上也就不会存在供血蝙蝠了!

所以，供血蝙蝠“献血”一定是对自身有利的。深入研究证实，这是一种回报性的利它行为，即受血蝙蝠将来要偿还供血蝙蝠食物[10-11]。这种供血和受血的行为要具备五个条件才可能发生:

1. 吸血蝙蝠长期成群搭伙，致使每一只蝙蝠都有多次机会参加血液共享。吸血蝙蝠是群居动物，同穴而栖，供血和受血的蝙蝠，往往是一个群体的。如果是不同的群体，今天受血蝙蝠接受供血，明天就不知飞到哪里去了，那供血蝙蝠就亏大了，因此这种情况，一般不会发生。

2. 某一个体供给同穴蝙蝠血液的可能性要根据它们过去成群搭伙的情况而定。吸血蝙蝠也是要讲诚信的。如果供血蝙蝠和受血蝙蝠曾经搭伙发生不诚信的行为，以后就不可能再互相帮助了。

3. 供血者和受血者两种角色频繁互易。供血蝙蝠的帮助不是无偿的，日后它吃不饱的时候，就要曾经的受血者偿还。

4. 受血者的短期收益大于供血者的代价。供血蝙蝠一定是在自己吃饱的情况下，才给吃不上饭的受血蝙蝠供血。如果自己都吃不饱，还要帮助别人，那自己可能就活不下去了。

5. 供血者能够分辨和排除混入系统内部的骗血者。对付欺骗是互惠利它行为遭遇的难题。如果不能抑制欺骗，互惠利它行为就难以为继。当然除了对特定条件的依赖，更要以自身具备的识别对方的能力为基础，因为对方与自己非血亲，没有天生的共同气味，因而这种识别能力比血亲关系中的识别能力更具难度。因此，吸血蝙蝠互惠利它产生的必要条件是它们能互相辨别，以探查和清除骗血者。从社会性同栖和蝙蝠声谱分析来看，只有同栖的吸血蝙蝠彼此相互反哺血液，这说明它们能够相互识别。威尔金森观察到 13 例吸血蝙蝠的供血行为，其中 12 例是在同巢的“老朋友”间进行的。“老朋友”，是免于一次性或单向性利它，维持互惠性利它的保障。

从长远的利益考虑，与其同穴的蝙蝠分享血液的吸血蝙蝠的存活率要比不进行这种分享的蝙蝠高。研究指出：成年的蝙蝠平均有7% 当夜吃不到血，而且吃不上血的情况是没有规律的，即所有个体都可能面临饿肚子的情况。而连续两夜吃不到血就会导致死亡。如果是这样，成年吸血蝙蝠年死亡率应为 82%。而实际上成年蝙蝠死亡率仅有 24%，这充分说明食物分享对个体存活的意义。

吸血蝙蝠这种互惠利它行为是在一群动物中或两种动物的长期交往过程中建立的。与之相比，亲缘利它是不要回报的。用威尔逊（E .Wilson）的话说，亲缘利它具有“硬核”的利它性；而互惠利它是要回报的，即属于“软核”的利它。亲缘利它似乎更真诚本色，而互惠利它显然更有算计性。那么是否在进化的过程中，一个物种的亲缘利它越坚实牢固越好呢？未必。吸血蝙蝠的食物分享说明，不同物种的行为相似可能源于截然不同的进化动力。尽管人们普遍认为，亲属选择是一种强大而普遍的进化动力，但在某些条件下，例如当动物进行小群生活，有可能相互帮助时，而且能够探查出骗子并将其清除的话，回报就很可能比亲缘利它更有利。

帮手鸟合作繁殖

生殖合作是一种特殊的利它行为，是指多于两个成年个体参与抚育工作的过程。在动物界中生殖合作行为并不少见，鸟类中至少有 300 种存在此种行为。其中冠斑犀鸟就是一个典型的例子。

冠斑犀鸟（*Anthracoceros coronatus*），因其头上部生有带黑斑的冠状盔突而得名。它的体型大，跟鸢差不多，但尾巴和脖子更长，头上的黄色大嘴很明显，叫声为“嘎克——嘎克——嘎克”，非常洪亮；飞翔时头部和颈部向前伸直，两翅平展，很像一架飞机，所以当地群众称之为“飞机鸟”。冠斑犀鸟分布于中国广西省南宁市西部的西大明山自然保护区、云南省西南部的高黎贡山和无量山，属国家二级保护动物。国外主要见于南亚国家，包括缅甸、越南、老挝和柬埔寨等 [12]。

冠斑犀鸟从 3 月开始繁殖，筑巢于巨树的洞中，每窝产卵 2 ~ 3 枚，卵白色，表面粗糙多孔。雌鸟伏居在树洞里孵卵、育雏，进入树洞后，即将自己的排泄物混着种子、腐木等堆在洞口，雄鸟则在外面用湿土、果实残渣等将树洞封闭，仅留一裂缝。雌鸟可伸出嘴尖于洞外，接受雄鸟的喂食，到雏鸟快要飞出时，才啄破洞口而出。

雄鸟每天出去觅食，劳碌奔波于森林与家庭之间，把获得的食物喂进雌鸟和雏鸟的嘴里；白天忙完后，夜晚还要栖息在巢外，站岗放哨，保护妻儿。这种哺育关系使得雄鸟“压力山大”，因此它需要一个帮手，这也为其他鸟类参与生殖合作提供了机会。所谓巢中帮手，是指属于成年个体的雌鸟本身不进行生殖，而为一个正在进行生殖的双亲家庭出力的行为。我们称这种鸟为帮手鸟。这非常类似于前面滇金丝猴的阿姨行为，但是不同的是，帮手鸟和其帮助的家庭没有任何血缘关系[13-14]。

由于冠斑犀鸟的配对几乎是终身制，因此也被冠以“爱情鸟”的美称。即便是帮手鸟好心帮助人家抚养后代，可是获得最初的认可也大费周折。在雌鸟封巢期间，帮手鸟开始介入。第一步它要取得人家家庭夫妇，尤其是雄鸟的信任。帮手鸟决定贿赂雄鸟。它采食后递送食物给在巢附近站岗的雄鸟，最初雄鸟对帮手鸟进行驱赶。

不久，雄鸟态度发生转变，它照顾老婆孩子已经够辛苦，还要花时间自己觅食，的确需要一个帮手。在帮手鸟“糖衣炮弹”的腐蚀下，雄鸟开始接受帮手鸟传递的食物。此时，帮手鸟可以接近雄鸟并共同采食和运送食物照顾巢中的雌鸟和后代，于是帮手鸟转变成为一个生殖帮手。此后，帮手鸟在觅取食物后不再直接递给雄鸟，而是运送到巢洞口。由于巢位置较高，爬升难度大，它往往不能一次飞到目的地，而是必须飞到一个制高点稍作休息之后才能到达洞口。喂食的时候，帮手鸟与雌亲鸟以巢洞口的缝隙为界，帮手鸟把食物从食道中反吐出来，传递给生殖雌鸟。一次反吐往往只吐出一个食物团。

除了喂食外，帮手鸟一天中大部分时间都在守护巢穴。帮手鸟会长时间站在或卧在洞口，如果在巢区附近发现其他冠斑犀鸟或小体型的鸟类就进行驱赶。当遇到天敌，自己无法对付时，帮手鸟就会发出警报。巢附近最可怕的天敌当属双角犀鸟（*Buceros bicornis*），虽然双角犀鸟经常捕食一些小鸟或老鼠。但危险性随时存在，每年都有冠斑犀鸟被捕食的情况发生。当有双角犀鸟靠近巢

冠斑犀鸟 杨玉和 摄

时，帮手鸟会尖声鸣叫，向雄鸟和巢中的雌鸟发出警报。这对雏鸟和亲鸟的安全十分重要。报警之后，当天敌进入巢区或飞向洞口时，由于实力对比过于悬殊，权衡利弊，帮手鸟会选择立即逃跑，一是为了自身安全，另外也是降低巢中母子危险的最后一个对策——引走敌人。帮手鸟在生殖合作上的投入是非常大的。

雄鸟从帮手鸟处获得的收益是明显的。雄鸟是生殖的保护者又是哺育者，繁殖的投资十分巨大。由于帮手鸟协助哺育，明显减轻了雄鸟在觅食和食物运送上的负担。尽管雄鸟仍然担负着主要的喂食任务，但可以腾出充足的时间进行觅食。除可减轻哺育压力外，雄鸟还取得了与帮手鸟的伴侣权，无可非议，很可能也取得了交配权。这就同时增加了自身基因表达的概率，符合基因层次的广义适合度。

雄鸟默认帮手鸟的存在，但是雌鸟对帮手鸟的态度截然不同，它们之间可以说是性的利益冲突。雌鸟对帮手鸟的接受经历了一个很长的时间。起初帮手鸟经常受到雌鸟的驱赶或攻击，但帮手鸟始终追随在它们夫妻的周围。整个繁殖季节，雌鸟对帮手鸟都是一种不接受的状态。但在封巢期间，雌鸟成为被动接受者，尽管它发现帮手鸟介入了它们的家庭，但由于受巢的限制，也无可奈何，只能默认帮手鸟的喂食。当雌鸟破巢后却又拒绝帮手鸟对幼鸟的喂食，并严格限制它靠近幼鸟。帮手鸟总是衔着食物徘徊在巢周围，每当有机会就飞向巢哺育幼鸟，这种过激行为往往招致雌鸟的驱赶和攻击。经过一年的磨合，下一年繁殖期间，雌鸟基本接受了帮手鸟的生殖合作，驱赶和攻击行为在整个季节几乎没有发生。繁殖期过后，雌鸟也常常与帮手鸟相处在一起，说明雌鸟已确定帮手鸟的帮手地位。换句话说，雌鸟从帮手鸟中获得的收益已大于帮手鸟从其地位中所取得的收益。雌鸟所获得的收益主要体现在帮手鸟对育雏的贡献，还表现在对亲鸟本身的安全等方面的贡献。但雌鸟可能失去了配偶的专属权。

帮别人照看孩子，还要忍受别人的误解、甚至驱赶，帮手鸟究竟图的啥啊?

这还得从它们的社会谈起。冠斑犀鸟种内，雌性竞争十分激烈，每年的繁殖季节都有冠斑犀鸟因为争夺配偶或相互之间的排斥而被啄死。争得雄鸟的保护对每个非生殖雌鸟的自身安全尤为重要。虽然帮手鸟要取得亲鸟的信任同样会付相当大的代价，但收益远远大于生命的毁灭，从另一个角度讲，争夺帮手地位就是争夺生存权[15]。

生殖合作的原因是多方面的，总的原因是涉及双方的利益，只有双方的利益都达到了最大化才会产生共鸣。在冠斑犀鸟的生殖合作行为机制中， 主导因素可能是获得配偶概率受限制。

冠斑犀鸟雌雄比例严重失调，女多男少，加上它们是单配制的鸟类，雌性个体争夺生殖权的竞争是尤为激烈的。在这种条件下，意味着有许多雌性个体在一生中没有获得生殖权的可能，因此，在稳定期争取成为生殖合作者是雌性间的最优抉择。一旦成为生殖帮手，就将有机会接触雄鸟，或获得交配权。帮手鸟与雄鸟和雌鸟没有亲缘关系却积极哺育，可以认为冠斑犀鸟的生殖合作机制，属于一种非亲缘的合作机制。

工蜂舍己为蜂群

蜜蜂 赵序茅 摄

蜜蜂群体是一个神秘的组织，一个蜂巢成员大致分为蜂后、雄蜂、工蜂。它们各司其职，有组织、有纪律。在蜂群中，蜂后的地位最高，它的主要任务是生育，每天可产约 2 000 粒卵。蜂群只有在每年的固定时期才培育少数雄蜂，它们的存在只是为了和蜂后交配，不做任何别的事情。蜂群中数量最多的是工蜂，它们也是雌性，可是卵巢发育不健全，一般情况下不能进行交配。工蜂的工作最辛苦，蜂巢内外的全部工作如筑巢、喂幼、清扫卫生、培育蜂后和雄蜂、保护蜂巢，以及采集花粉和花蜜等都由它们完成[16]。

在这个神秘的群体中，每只工蜂都为了整个群体的利益而竭尽全力地工作，必要时还会献出自己的生命。当春天花朵盛开的时候，工蜂便开始采集花粉和花蜜，并培育越来越多的新蜂，此时喂养的幼蜂数量多达 30 000 只，几乎占全部蜂室的 1/3。到了春末时节，蜂群由于发展得太大而开始分群。为此工蜂首先要建筑特殊的王室，它的室口向下悬挂在蜂房的底部。王室的数量是一二十个，从王室中孵化出来的幼虫在整个发育阶段都被喂给王浆。而其他蜂房的幼虫仅仅在前三天被喂养王浆，之后喂蜂蜜。它们之间的地位从生下来就已经确定。喂养王浆的幼虫日后会发育成为新的蜂后。当新的蜂后开始化蛹并将蜂室封闭的时候，老蜂后和大约一半的工蜂就会飞离蜂巢，暂时在附近的树枝上聚集成团。此后的数天内，工蜂们便从附近寻找一个尚未被利用的洞穴，之后筑巢，迎接蜂后。这便是工蜂一生的使命，周而复始，直到生命的尽头[17]。

为了蜂群，工蜂牺牲自己的利益，可是它们却不能繁衍自己的后代。基因是自私的，繁衍自己后代是自然界每个生命体的最高使命，工蜂为何反其道而行之？

事情的真相是这样的：蜜蜂通过社会化分工协作，能够大幅提高幼虫的生存率，和单独筑巢的雌蜂相比，蜂群中的工蜂通过提高自己“胞弟妹”的生存率来提高自身基因的遗传率。以一种名为“盐川小花蜂”的蜜蜂为例，它们群体中的一部分雌蜂有单独筑巢的特性。不同的组织形式，造就了它们不同的命运。在蜜蜂集体生活的蜂巢中，幼虫生存率约达到 90%，是雌蜂单独筑巢时的 9 倍左右。在雌蜂单独筑巢的情况下，成虫出外觅食时，幼虫得不到照管，可能被其他动物捕食，生存率大幅下降。因此与蜂后合作的雌蜂（工蜂），虽然付出了没有直接繁殖后代的代价，但提高了自身“胞弟妹”

的生存率，比起单独筑巢的同代雌蜂，大幅增加了传递给种群后代的基因量。

如果我们不好理解，可以换个思路。假设某一个工蜂发生基因突变产下自己的后代，幼虫要依赖于其他工蜂的照顾才能生存。这时，它的儿子们需要姐们（工蜂）照顾，同时母亲的儿子也需要照顾。这时它的姐们就会面临一个取舍和权衡。简而言之，就是和谁的关系近就照顾谁。这就要考虑它儿子和它姐妹的关系。它和任意一个姐妹的亲缘系数大约为 1/4，它的儿子和它姐妹之间的亲缘系数为 1/8。但是它姐妹和它母亲之间的亲缘系数为 1/2，故它母亲的儿子和它姐妹之间亲缘系数为 1/4。因此，对它的任意一个姐妹，它宁可帮助母亲的儿子，而不是姐妹的儿子。这种突变一旦发生即被淘汰。

达尔文的自然选择学说认为，能够留存较多后代的物种属性将会进化，但社会化生存的工蜂却“放弃”繁殖而为蜂后劳动，依然能通过自然选择实现进化。对此，英国生物学家汉密尔顿 1964 年提出“汉密尔顿法则”补充了自然选择学说，认为自然选择的单位是基因而非个体，即计算遗传收益的单位应是基因传播率，而非个体繁殖率。

从基因传递的角度看，工蜂不会繁衍自己的后代。理论上是这样的，不过实际情况要复杂得多。下面的这个研究会让你大吃一惊。巴西科学家对 45 个蜂群中的近 600 个雄蜂进行了研究，通过它们的基因型来查明它们的身世。结果表明，23%的雄蜂是工蜂的后代，而不是蜂后的。

工蜂一般情况下是不能够进行交配的，但是能够产生一些可以发育成雄蜂的非受精卵。为了确保自己的统治地位，蜂后通常会将它下属的工蜂产下的非受精卵吃掉。可是有些时候，蜂后也会被欺骗。

看到这里会不会有一种神经错乱的感觉?

这里的奥妙在于，工蜂产生自己的后代不是为了传递自己的基因。前面已经讨论过，从基因传递的角度，工蜂遵守的是“汉密尔顿法则”。那 23% 的工蜂产子是另有目的的，唯一益处就是能够延长它们寿命的 3 倍，这个寿命周期差不多跟蜂后的一样长。这是因为处于繁殖期的工蜂一般工作量比较低，也不会执行危险的任务，比如说寻找食物。它们是为了自己的利益而繁殖出下一代劳动力的。一旦有了新生代的劳动力，它们就可以代替自己承担工作，而这些工蜂们则可以过上轻松的生活。

参考文献

[1] 孙儒泳 . 动物生态学原理 [M]. 北京：北京师范大学出版社，2001.

[2] Brooke M L, Davies N B. Egg mimicry by cuckoos Cuculus canorus in relation to discrimination by hosts[J]. Nature, 1988, 335(6191): 630-632.

[3] Davies N B, Brooke M L. An experimental study of co-evolution between the cuckoo, Cuculus canorus, and its hosts. I. Host egg discrimination[J]. *The Journal of Animal Ecology*, 1989: 207-224.

[4] Davies N B, Kilner R M, Noble D G. Nestling cuckoos, Cuculus canorus, exploit hosts with begging calls that mimic a brood[J]. *Proceedings of the Royal Society of London B: Biological Sciences*, 1998, 265(1397): 673-678.

[5] 李腾飞 . 滇金丝猴 (*Rhinopithecus bieti*) 母婴关系——婴猴发育及阿姨行为研究 [D]. 中国科学院大学 , 2013.

[6] 薛大勇 , 李红梅 , 韩红香 , 等 . 红火蚁在中国的分布区预测 [J]. 昆虫知识 , 2005, 42(1): 57-60.

[7] Mlot N J, Tovey C A, Hu DL. Fire ants self-assemble into waterproof rafts to survive floods[J].*Proceedings of the National Academy of Sciences*, 2011, 108(19): 7669-7673.

[8] 佟屏亚 . 驯养鸬鹚捕黄鱼 [J]. 化石 , 1989, 1: 008.

[9] Mel R K D, Weerakoon D K, Ratnasooriya W D, et al. A comparative haematological analysis of Asian Elephants Elephas maximus Linnaeus, 1758 (Mammalia: Proboscidea: Elephantidae) managed under different captive conditions in Sri Lanka[J]. *Journal of Threatened Taxa*, 2014, 6(8): 6148-6150.

[10] Wilkinson G S. Social grooming in the common vampire bat, Desmodus rotundus[J]. Animal Behaviour, 1986, 34(6): 1880–1889.

[11] Wimsatt W A. Transient behavior, nocturnal activity patterns, and feeding efficiency of vampire bats (Desmodus rotundus) under natural conditions[J]. *Journal of Mammalogy*, 1969, 50(2): 233–244.

[12] 黄恒连，冯汝君．喀斯特石山森林飞翔的精灵——冠斑犀鸟 [J]. 生命世界，2011, 12: 012.

[13] 阙腾程，胡艳玲，潘志文，等．笼养条件下冠斑犀鸟合作繁殖行为 [J]. 动物学杂志，2006, 41(5): 13–17.

[14] 张金国．冠斑犀鸟 [J]. 生物学通报，2012, 47(7): 62–62.

[15] Balasubramanian P, Saravanan R, Maheswaran B. Fruit preferences of Malabar pied hornbill Anthracoceros coronatus in Western Ghats, India[J]. *Bird Conservation International*, 2004, 14(S1): S69–S79.

[16] 尚玉昌．蜜蜂的社会生活 [J]. 生物学通报，2008, 43(2): 15–17.

[17] 王琛柱．工蜂利它行为的背后 [J]. 昆虫知识，2007, 44(1): 3–4.

后记

人为何物？这是一个古老而又富有争议的话题。长期以来，我们接受的教育是，人是所有生物中的王者，是最高级的动物，具有最高的智慧，拥有强大的适应和改变环境的能力。自从人类进入文明社会以来，人们常常因为自己是人而骄傲，也常常以人不如动物来比喻耻辱，譬如，某某行为猪狗不如。可是随着科学的发展，以及对动物研究的深入，人类开始低下高贵的头颅。

会使用工具一度是区分人与动物的一个标志。但近几十年来，人们陆续发现有些动物也会使用工具：大象有时用鼻子卷起树枝来为自己挠痒，并驱赶身上的小虫；猴子会将尖锐的棍子当矛使用；黑猩猩不仅会用石头来砸食坚果，还会拿木棍捕捉白蚁；鼹鼠在嘴唇前和牙齿后放一些刨木花来充当简单的面罩，以防将脏物吸入肺部……

有人说，有无思维是人类与动物的本质区别。可是动物也会思考，比如它们在筑巢或垒窝的时候就会考虑得比较多。鸟儿在筑巢时就要搜索它能用得上的材料，这时它就在动脑筋。有些种类的鸟儿所垒的窝，即便是有思想的人类也不可复制。

法国有谚语："人类什么都仿造，鸟巢除外。"事实说明动物会思考。

有人说，社会的分工和合作是人类与动物的本质区别。狮群捕猎，狼群围攻依然需要密切的合作。很多社会学昆虫，比如蜜蜂也存在严密的社会组织，成员各司其职，井然有序。

有的人又打起了感情牌，说人存在丰富的感情。那就说一个我所经历的故事。2014 年，我在阿尔金山考察时，发现一具棕熊幼崽的尸体，由于野外见证过太多动物的死亡，因此没有对它太在意。几天后，我再次从此经过，发现幼熊已经被"安葬"了。方圆几百公里都是无人区，这不是人为的。通过留下的痕迹，判断是同类所为。为何要埋葬同类，我一时无法理解，更不能给出精确的解释。但我相信动物之间也存在感情。

可是人性与动物，存在怎样的联系？我同时也给自己出了一道难题，我不是动物，如何知道动物是怎么想的呢？很多动物类小说和一些科普作品，把动物描写得活灵活现、绘声绘色，静下来仔细品味：作者无非是把人类的情感赋予动物身上，借它们的口吻表达出来。那不是动物的情感。

否定了别人，自己又找不到答案，在探索的过程中，我越陷越深。

于是，我把自己野外考察遇到的现象忠实地记录下来，希望能从中找点线索。开始的时候，我每到一个地方都以笔记的形式记录看到的动物——它们的求偶形式、婚配制度、繁殖行为等。读硕士期间，我在新疆参加金雕的科学考察。我记录了金雕的生活，它们是一夫一妻制，一对金雕占领一块领域，一旦配对成功，很少分离。在动物界，这种长期的一夫一妻制关系比较少见。整个繁殖期，雌雄金雕分工明确、轮流换孵、捕猎。这是金雕的婚配制度和抚养后代的一种方式。随后在调查雪豹的时候，我记录自己看到的种种痕迹，比如雪豹的脚印、皮毛、粪便，从这些蛛丝马迹中分析它们的生活状态。雌雄雪豹彼此拥有自己的地盘，仅仅在交配期，短暂地在一起，不足一个月，随后各回各地。孩子由雌雪豹独自抚养，雄豹不参与。

我高兴地记录着自己的种种发现和感悟。可是相对动物界物种的多样性，以及复杂的动物生活史，这仅仅是管中窥豹。

如果纠缠于人性与动物的区别，可谓剪不断、理还乱。不妨换个角度——从动物的角度探讨人性的答案。便一下子豁然开朗，从复杂变为简单。

到了博士阶段，我的研究目标转移到金丝猴上。到云南出差，我发现滇金丝猴群是一个复杂的群体，它们是重层社会，充满着权力和性的斗争。猴群中新出生的婴儿，阿姨们会进行照料。光棍群中的猴子，为了谋求上位，彼此会结成各种各样的联盟。

近年来研究表明，几乎人类所有的行为都可以在动物身上找到答案。理出来些许头绪，就有了这本书。由于知识水平有限，这仅仅是个皮毛，希望能够抛砖引玉，让更多同行高手来关注动物，关注动物科普。本书大部分内容是我在野外一线科研的观察和记录。此外，一部分内容，是我无法观察到的，为了完整地展示动物，我引用别人的文献，通过自己的编译，将其展现出来。文字风格上，我不喜欢学术的繁文缛节，更愿意让文章通俗易懂，让读者了解科研工作者的野外生活，让大众眼中神秘的动物行为走进公众的视野，让科学不再神秘！

此书还有一个目的，想让更多的人关爱野生动物，生态文明的尺度在于人和动物之间的距离。很多聪明的动物，那么有爱，却在我们眼皮子底下慢慢消失了，它们不会说话，作为研究工作者，我有必要把它们的故事讲出来。

本书从开始策划到一遍遍地修改、定稿，编辑汪鑫先生参与其中，他近乎完美的要求，驱使我不断修改、完善。邹桂萍女士作为本书最初的读者，不仅给予了修改的意见，更是参与文字的修改。我师妹刘博君提供了海南猕猴的资料。另外，还有为本书提供图片的朋友们，在此一并感谢。

眺望 赵序茅 摄

准备过流沙 赵序茅 摄

乌兰沙的湖 张同 摄

骑马考察 李志国 摄

阿尔金山 张同 摄